Alan Goodsell und Randall Maxey

GRUNDLAGEN
HOLZARBEITEN

stv

Alan Goodsell und Randall Maxey

GRUNDLAGEN
HOLZARBEITEN

Werkzeuge – Techniken – Erste Werkstücke

Leopold Stocker Verlag
Graz – Stuttgart

Umschlaggestaltung: Werbeagentur Rypka GmbH, 8143 Dobl/Graz, www.rypka.at
Bildnachweis: siehe Seite 157.

Titel der englischen Originalausgabe: Woodworking Basics. The principles and skills of good joinery. Diese Übersetzung ist eine vertraglich vereinbarte Lizenzausgabe der englischen Originalausgabe (ISBN 978 1 78494 408 7) von GMC Publications Ltd.

Aus dem Englischen übertragen von Claudia Tancsits

Bibliografische Information der Deutschen Nationalbibliothek
Die Deutsche Nationalbibliothek verzeichnet diese Publikation in der Deutschen Nationalbibliografie; detaillierte bibliografische Daten sind im Internet über http://dnb.d-nb.de abrufbar.

Hinweis:
Dieses Buch wurde auf chlorfrei gebleichtem Papier gedruckt. Die zum Schutz vor Verschmutzung verwendete Einschweißfolie ist aus Polyethylen chlor- und schwefelfrei hergestellt. Diese umweltfreundliche Folie verhält sich grundwasserneutral, ist voll recyclingfähig und verbrennt in Müllverbrennungsanlagen völlig ungiftig.

Auf Wunsch senden wir Ihnen gerne kostenlos unser Verlagsverzeichnis zu:
Leopold Stocker Verlag GmbH
Hofgasse 5/Postfach 438
A-8011 Graz
Tel.: +43 (0)316/82 16 36
Fax: +43 (0)316/83 56 12
E-Mail: stocker-verlag@stocker-verlag.com
www.stocker-verlag.com

ISBN 978-3-7020-1801-6

Layout und Repro: Werbeagentur Rypka GmbH, 8143 Dobl/Graz, www.rypka.at
Druck und Bindung: GPS Group P.E., Slowenien

INHALTSVERZEICHNIS

EINLEITUNG

Das Werken mit Holz ist ein sinnvolles und befriedigendes Hobby. Während es jedoch manche mühelos schaffen, sich die notwendigen Fertigkeiten anzueignen, fällt es anderen nicht so leicht: Oft nehmen Einsteiger zu schwierige Projekte in Angriff und werfen dann frustriert das Handtuch. Das Geheimnis liegt darin, das Handwerk in ganz kleinen Schritten von Grund auf zu lernen und die notwendigen Fertigkeiten nach und nach aufzubauen. Mit zunehmender Beherrschung wird die Arbeit erst zum Genuss. Bald werden Sie schöne und praktische Dinge herstellen, auf die Sie stolz sein können.

In diesem Buch zeigen wir Ihnen verschiedene Facetten der Holzbearbeitung. Sie lernen die wichtigsten Werkzeuge kennen, erhalten Tipps für ihren Einsatz und erfahren, wie Sie einsteigertaugliche Holzverbindungen anfertigen können, die trotzdem eine Herausforderung darstellen. Danach präsentieren wir eine Auswahl von Projekten, die Sie mithilfe dieser Holzverbindungen und der beschriebenen Techniken herstellen können. Diese Projekte lassen sich durch Abändern der Maße an Ihre ganz persönlichen Wünsche und Erfordernisse anpassen.

Gezeigt werden lauter stromlose Handwerkzeuge, denn diese sind preisgünstig und leicht erhältlich. Dadurch ist die Belastung für Ihre Geldbörse viel geringer. Durch die Arbeit mit Handwerkzeugen entwickeln Sie ein Gefühl dafür, wie das herrliche Material, mit dem Sie es zu tun haben, auf die Bearbeitung reagiert. Unter anderem lernen Sie die Auswirkung des Faserverlaufs auf die Richtung eines Sägeschnittes kennen und erfahren, dass sich der Sägeschlitz in manchen Fällen wieder schließen und das Sägeblatt einklemmen kann. Die Arbeit mit Motorwerkzeugen hingegen kann dazu führen, dass das „Gefühl“ für das Holz verlorengeht.

Als Einsteiger werden Sie Fehler machen, aus denen Sie aber auch lernen werden. Anfängerfehler sind kein Problem, weil Sie mit preisgünstigen Werkzeugen und Materialien arbeiten. Wenn Sie die in diesem Buch vermittelten Grundlagen beherrschen, können Sie sich einen Holzwerker nennen. Sie werden Ihre Fertigkeiten weiter verfeinern und ein Leben lang Ihre Freude an dieser kreativen, lohnenden Beschäftigung haben.
Viel Erfolg! Und vergessen Sie nicht: Sicherheit hat Vorrang!

Alan Goodsell

ALLES ÜBER HOLZ

Bevor Sie beginnen, mit Holz zu arbeiten, ist es wichtig, dass Sie mehr über seinen Aufbau und seine Eigenschaften erfahren. Dieses Wissen wird Ihnen die Arbeit erleichtern und Sie werden dieses einzigartige Material erst richtig schätzen lernen.

Für viele ist Holz ein ebenso totes Material wie Metall oder Kunststoff. In seiner Struktur und seinen Bearbeitungseigenschaften ist es aber völlig anders. Holz stammt von einem lebendigen Baum. Wie für alle Pflanzen ist auch für Bäume Wasser lebensnotwendig. Mithilfe eines Vorgangs, den man Osmose nennt, wird das Wasser über die Wurzeln (Haarwurzeln) aufgenommen und steigt im Inneren des Baumes nach oben. Bei der Osmose dringt ein Bestandteil einer Lösung durch eine halbdurchlässige Membran, während die anderen Bestandteile die Membran nicht durchdringen können. Das Wasser innerhalb des Baumes, das auch andere chemische Substanzen enthält, wird Zellsaft genannt. Der Zellsaft fließt dann unter Druck durch das Splintholz (Xylem) in die Baumkrone.

Neues Holz entsteht im Kambium, der Zellschicht, die zwischen dem Xylem und dem Phloem (der Bastschicht oder Innenrinde) liegt und die lebendigen Teile des Baumes vollständig umschließt. Während der Wachstumsperioden teilen sich die Kambiumzellen und es entstehen neue Holzzellen. Das neue Holz entsteht rund um den schon existierenden Holzkern. Durch das unterschiedliche Wachstum im Sommer und im Winter bilden sich die wohlbekannten Jahresringe. Im Laufe des Wachstums verlieren die inneren Splintholzschichten die Fähigkeit, Wasser und Nährstoffe zu transportieren, die Zellen verändern sich und das Splintholz wird zu Kernholz. Die Stoffe, die durch diese Veränderung entstehen, verleihen dem Kernholz seine Farbe und seine charakteristischen Eigenschaften.

Schematischer Querschnitt durch die Schichten eines Baumstamms

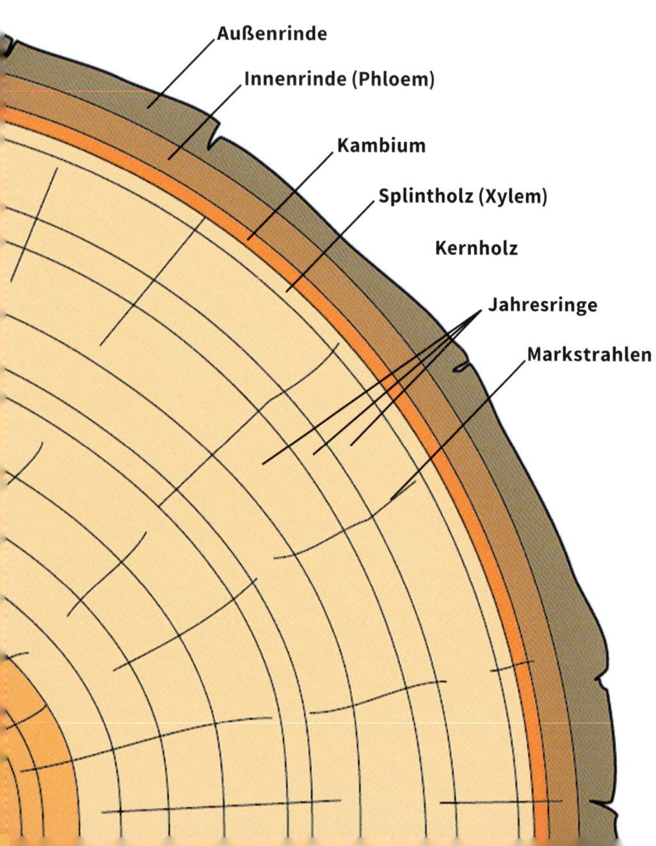

Zersägen und Trocknen

Ein geschlägerter Baum wird zunächst in handhabbare Teile zerlegt, deren Größe die Weiterverarbeitung ermöglicht. Diese Teile müssen dann getrocknet werden. Ein frisch geschlägerter Baum enthält noch sehr viel Wasser. Man spricht in dieser Phase von Grünholz.

Wenn das Holz in diesem Zustand verarbeitet wird, trocknet der fertige hölzerne Gegenstand, wobei er schrumpft und sich verzieht; meist wird er dadurch unbrauchbar. Um dies zu verhindern, muss der Feuchtigkeitsgehalt des Holzes vor der Verarbeitung stark reduziert werden.

Foto rechts: Die Jahresringe sind auf diesem Baumquerschnitt deutlich zu sehen.

Schnittarten

Scharfschnitt

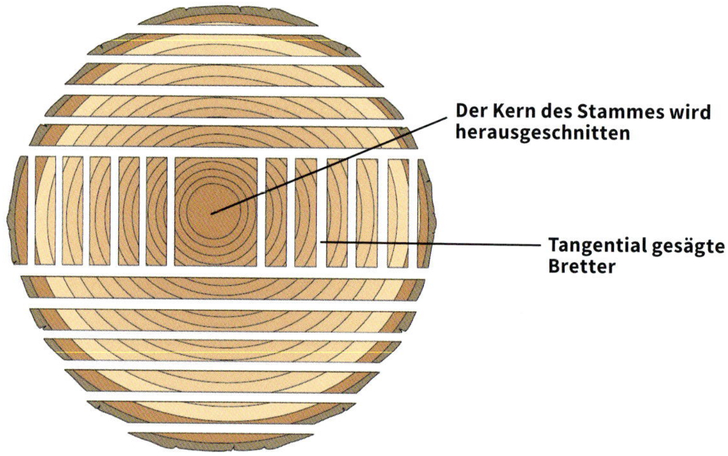

Schwartenschnitt

Zersägen

Der **Baumstamm** kann nach verschiedenen Methoden zersägt werden, um das Holz bestmöglich zu verwerten. Man versucht einerseits, den Abfall zu minimieren, und andererseits, die besten Stücke für bestimmte Zwecke zu erhalten.

Beim **Scharfschnitt** wird der ganze Baumstamm von oben nach unten mit parallelen Schnitten zersägt. Dabei fällt kaum Abfall an, die Bretter neigen jedoch zum Verziehen.

Der **Schwartenschnitt** ist dem Scharfschnitt sehr ähnlich, nur wird nicht nur der obere und untere, sondern auch der mittlere Bereich tangential zu den Jahresringen gesägt. Alle Bretter sind herzfrei; aus dem Kern des Stammes können Pfosten hergestellt werden.

Beim **Quartierschnitt** wird der Stamm in Viertel geteilt, die dann ihrerseits parallel zur Stammachse zersägt werden. Man erhält sehr stabile Bretter, die aber auch besonders teuer sind, da viel Abfall entsteht.

Beim **Spiegelschnitt** werden Scharfschnitt und Quartierschnitt so kombiniert, dass kaum Abfallholz anfällt. Aus dem Kern des Stammes kann man Pfosten herstellen.

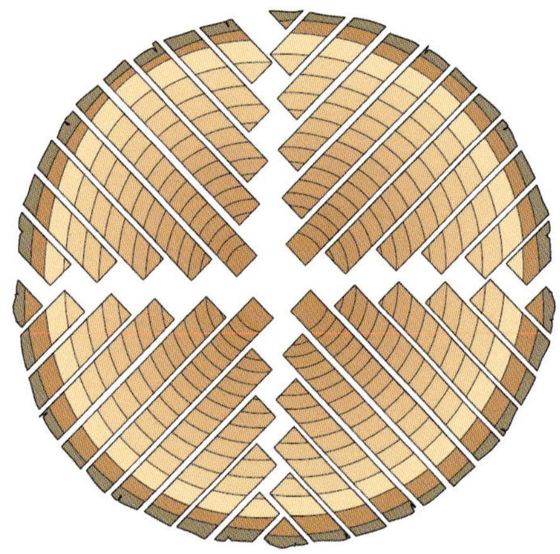

Quartierschnitt

Spiegel- oder Radialschnitt

Maserungsbild

Das Maserungsbild an der Holzoberfläche hängt von der ursprünglichen Position des Bretts im Baumstamm ab (radial, tangential oder quer zur Faser). In einer Holzhandlung können Sie sich die unterschiedlichen Maserungsbilder ansehen und Ihre Auswahl treffen. Besonders schön gemaserte Bretter sind jedoch meist auch teurer!

Trocknung

Je mehr Feuchtigkeit das Holz enthält, desto leichter verzieht es sich, wenn es in der warmen, trockenen Umgebung eines Innenraums Feuchtigkeit verliert. Gut getrocknetes Holz lässt sich besser verarbeiten und ist auch robuster.

Je nach der Holzart, der Größe der Bretter und der gewünschten Verwendung unterscheidet sich auch die Trocknung. Holz kann in einem Trockenofen (einer Trockenkammer) oder an der Luft (im Freien) getrocknet werden. In der Trockenkammer können Entfeuchter das Holz sehr rasch trocknen. Dabei kann es allerdings Sprünge bekommen. Die Lufttrocknung geht viel langsamer; viele Kenner finden jedoch, dass das Holz dabei besser stabilisiert wird. Wegen der Feuchtigkeit, die in der Umgebungsluft enthalten ist, kann der Feuchtigkeitsgehalt des Holzes aber nicht so stark reduziert werden wie in einer Trockenkammer.

Bei beiden Trocknungsmethoden werden die Holzbretter gestapelt. Kurze Abstandslatten sorgen dafür, dass die Luft zwischen den Brettern zirkulieren kann, und beschleunigen so den Trocknungsvorgang. In der Trockenkammer erzeugen die Entfeuchter einen Luftzug, bei der Lufttrocknung im Freien macht man sich die natürliche Luftbewegung zunutze.

Radial-, Tangential- und Querschnittflächen

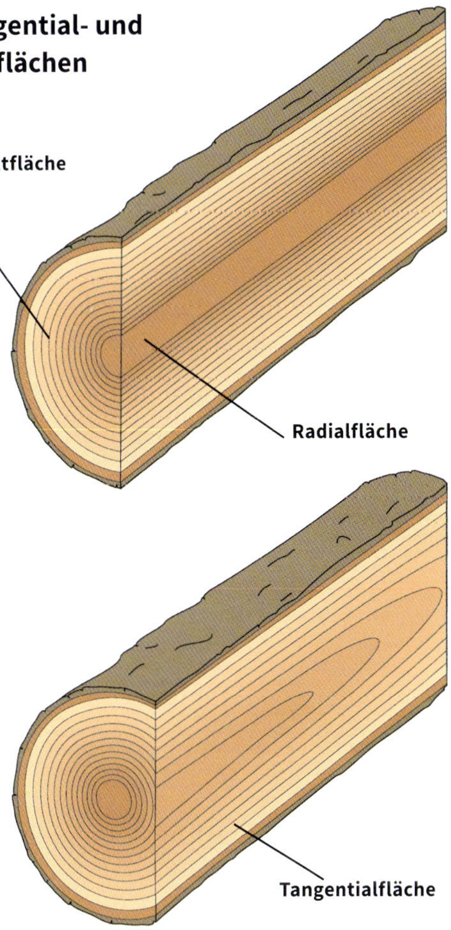

Zur Lufttrocknung gestapelte Holzbretter

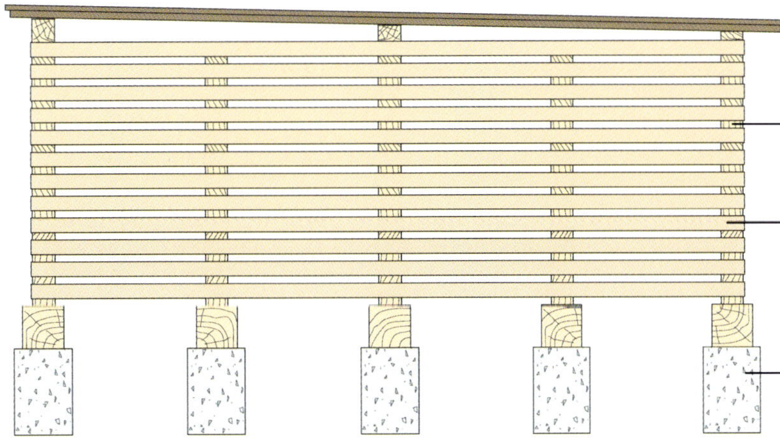

SICHER ARBEITEN

Das Arbeiten mit Holz ist notwendigerweise mit Gefahren verbunden. Am besten schützen Sie sich davor, indem Sie sich an die Sicherheitsregeln halten, die richtige Arbeitskleidung tragen und die notwendige Schutzausrüstung verwenden. Bevor Sie ein neues Werkzeug einsetzen, lesen Sie immer die Gebrauchsanleitung und folgen Sie den Sicherheitsempfehlungen.

Atemschutz
Der Schutz der Lunge und der Atemwege ist äußerst wichtig. Feinstaubpartikel stellen ein ernstes Gesundheitsrisiko dar, das sich leicht vermeiden lässt. Es gibt verschiedene Staubmasken zu kaufen, die unterschiedlich große Staubpartikel ausfiltern. Für Holzarbeiten brauchen Sie eine Staubmaske der Klasse FFP1 (nur gröbere Partikel), FFP2 (Holzstaub, Lacke) oder FFP3 (höchste Filterleistung, auch Schimmelpilze). Diese preisgünstigen Masken sind im Baumarkt erhältlich. Je nach Filter sind Sie gegen Holzstaub und Dämpfe geschützt. Die beste Maske schützt jedoch nur, wenn sie auch getragen wird! Gewöhnen Sie sich das Anlegen der Maske als Teil Ihrer Arbeitsroutine an.

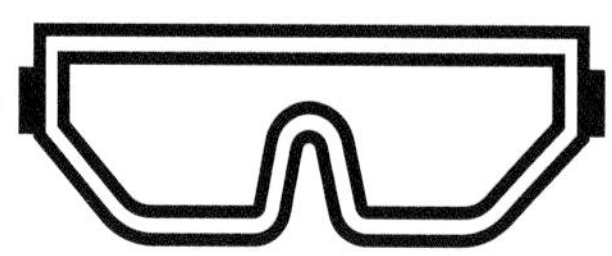

Augenschutz
Auch der Schutz der Augen ist sehr wichtig. Staubpartikel können Ihren Augen schweren Schaden zufügen, vor allem, wenn sie von einem motorbetriebenen Gerät weggeschleudert werden. Auch eine „normale" Staubwolke trocknet die Augen aus. Sie brauchen also eine Schutzbrille. Sie trägt sich angenehm und lässt sich ideal mit einer Staubmaske kombinieren. Ein Visier, das das ganze Gesicht bedeckt, wäre ebenfalls eine Möglichkeit. Ein solcher Schild ist jedoch etwas sperrig; außerdem beschlägt er sich, wenn er zusammen mit einer Staubmaske getragen wird.

Gehörschutz
Ein Gehörschutz ist notwendig, wenn Sie mit motorbetriebenen Geräten arbeiten, denn die maschinelle Holzbearbeitung erzeugt großen Lärm, der das Gehör schädigt. Besorgen Sie sich Kapselgehörschützer oder Gehörschutzstöpsel. Beides ist im Baumarkt erhältlich. Es gibt also keinen vernünftigen Grund, den Gehörschutz nicht zu tragen – er muss allerdings leicht anzulegen sein. Je benutzerfreundlicher die Schutzausrüstung, desto größer ist die Chance, dass sie auch regelmäßig verwendet wird.

Handschuhe
Manche Holzwerker tragen bei der Arbeit gerne Handschuhe. Sie können dazu beitragen, dass man das Werkzeug, aber auch das Holz besser im Griff hat. Handschuhe schützen auch vor Holzsplittern und verhindern bei manchen Arbeiten – z. B. beim händischen Schleifen – die Blasenbildung.

SICHERHEIT BEI DER ARBEIT

Abgesehen von der Schutzausrüstung dient auch die Einhaltung grundlegender Sicherheitsregeln Ihrem Schutz.

Ganz wichtig: Legen Sie bei der Arbeit sämtlichen Schmuck ab! Eine Halskette zum Beispiel kann in eine Maschine geraten; wenn ein Ring von einer Maschine erfasst wird, können Sie schwere Verletzungen an den Fingern davontragen.

Sie tragen auch zu Ihrer Sicherheit bei, indem Sie Ihren Arbeitsplatz in Ordnung halten. Jedes Holzstück oder Werkzeug, das auf der Werkbank herumliegt, kann Ihnen beim Arbeiten in die Quere kommen. Das kann dazu führen, dass Sie die Arbeit unterbrechen müssen, dass Ihnen ein Schnitt misslingt oder dass Sie sich sogar an dem herumliegenden Werkzeug verfangen! Halten Sie den Arbeitsplatz auch immer sauber, entfernen Sie Sägestaub und Holzschnipsel. Auch das dient Ihrer Sicherheit.

Räumen Sie Ihre Werkbank auf, binden Sie Ihr Haar sorgfältig zurück und legen Sie sämtlichen Schmuck ab, um möglichst gefahrlos zu arbeiten.

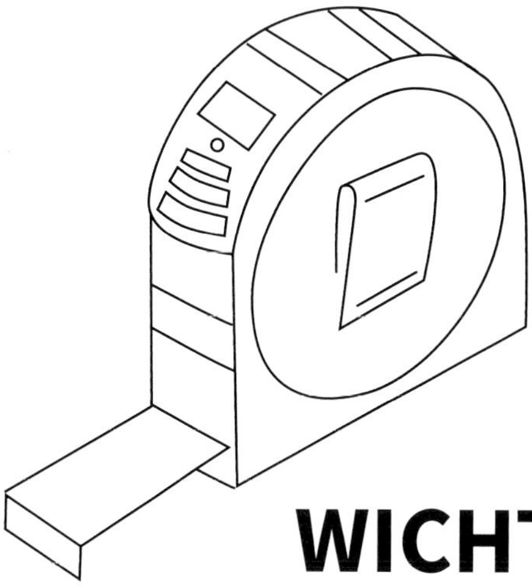

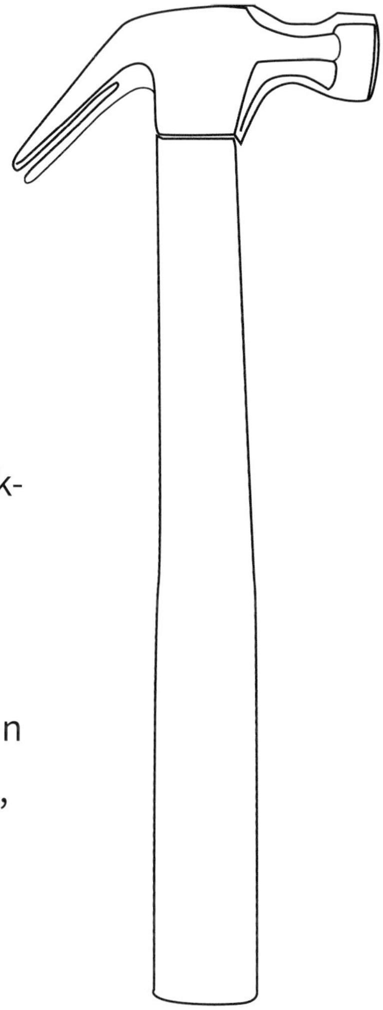

WICHTIGES WERKZEUG

Bei jedem Hobby und bei jedem Handwerk braucht man allerlei Werkzeug, das oft ziemlich teuer kommt. Das gilt auch für die Holzarbeit. Allerdings reichen die wenigen Werkzeuge, die hier gezeigt werden, schon für eine Vielzahl von befriedigenden, sinnstiftenden Arbeiten aus. In diesem Kapitel werden Werkzeuge vorgestellt, die Sie sich vielleicht bald besorgen werden. Näheres zu ihrem Gebrauch erfahren Sie später.

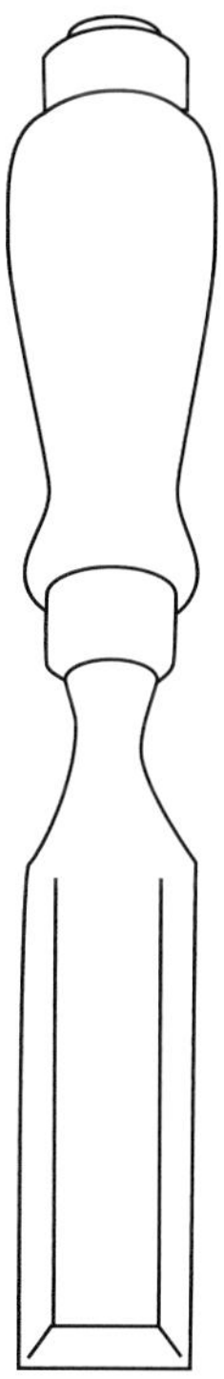

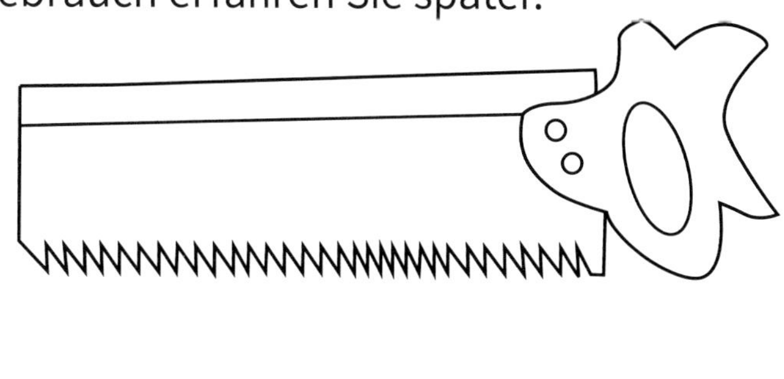

HÄMMER

Für alle, die mit Holz arbeiten, ist der Hammer das grundlegende Werkzeug schlechthin. Im Wesentlichen besteht er aus einem schweren Gewicht, das auf einem Stiel montiert ist und dazu dient, Nägel ins Holz zu treiben. Es gibt verschiedene Hämmer, die für besondere Zwecke gedacht sind.

Tischlerhammer
Dieser Hammertyp (rechts) eignet sich für Holzarbeiten besonders gut. Er hat einen Hammerkopf aus Stahl mit einer Breit- und einer Schmalbahn und einen ovalen Stiel aus Hartholz.

Klauenhammer
Er hat einen breiten Hammerkopf; die gebogene, klauenförmige Gegenseite dient zum Herausziehen von Nägeln.

Kugelhammer
Der Kugelhammer wird zum Bearbeiten von Metall verwendet. Seine Einsatzmöglichkeiten in der Werkstatt sind begrenzt.

Englischer Schlosserhammer mit Kreuzpinne
Dieser kleine Hammer dient vor allem dazu, kleine Nägel/Drahtstifte ins Holz einzuschlagen.

VORSICHT – GEFAHR!
Die Metalloberfläche eines Hammerkopfes wird in einem speziellen Verfahren (Hämmern, Kugelstrahlen oder Laserbehandlung) gehärtet. Dadurch wird der Hammerkopf jedoch brüchig. Schlagen Sie daher niemals zwei Hammerköpfe gegeneinander! Dabei können Metallsplitter abbrechen und wie Geschoße weggeschleudert werden (Gefahr schwerer Verletzungen)!

ANATOMIE EINES HAMMERS

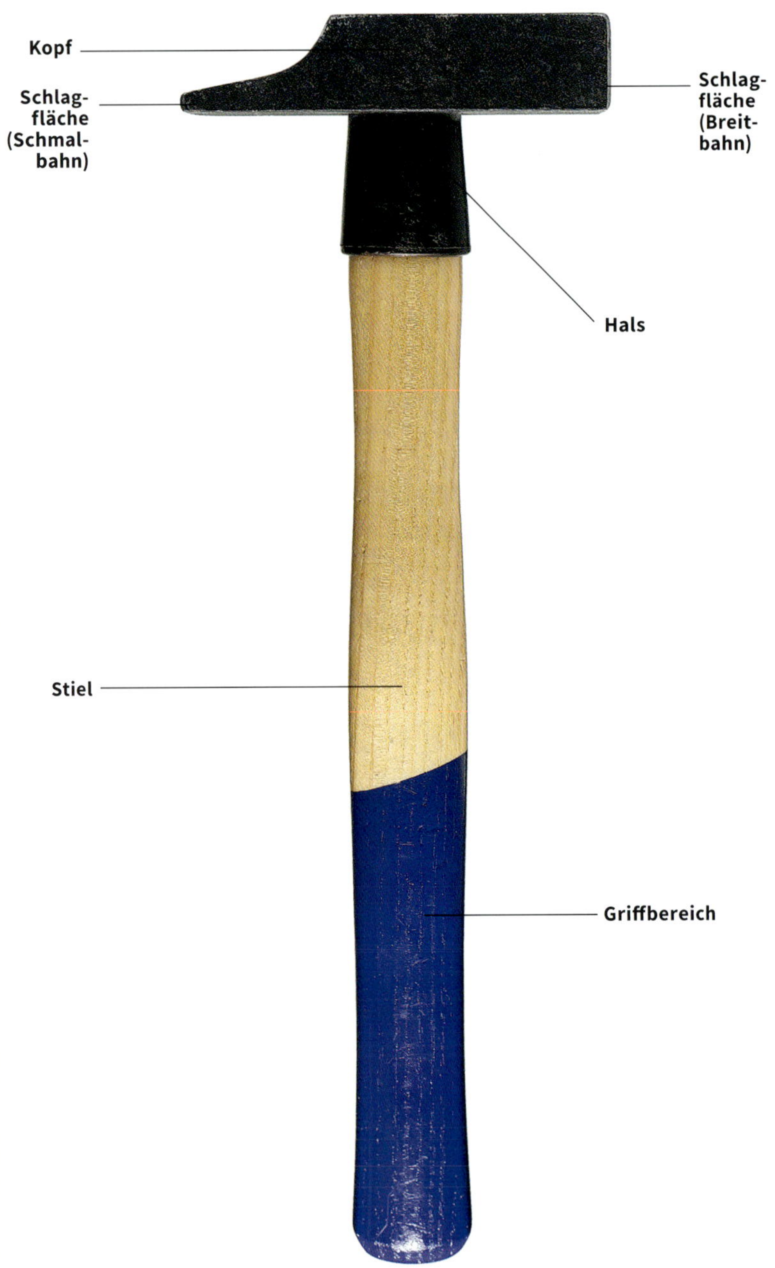

1 Der Klauenhammer ist für Holzarbeiten besonders praktisch. **2** Der Kugelhammer oder englische Schlosserhammer mit Kugelpinne kann in der Werkstatt Verwendung finden, ist aber doch ein eher klobiges Werkzeug zur Metallbearbeitung. **3** Der englische Schlosserhammer mit Kreuzpinne dient zum Einschlagen von kleinen Nägeln/Drahtstiften. **4** Ein Hammer mit Holzstiel ist vielseitig verwendbar und gibt dem Anwender auch eine bessere haptische Rückmeldung. **5** Derselbe Hammer in Ganzmetallausführung ist besonders robust und hält ein Leben lang.

Wie groß, welcher Stiel?

Der Stiel des Hammers ist meist entweder aus Holz oder aus Metall. Durch die Elastizität des Holzstiels erhält die Hand des Anwenders eine bessere haptische Rückmeldung; wird der Holzstiel beschädigt, kann er ausgetauscht werden. Wenn es um die maximale Kraftentfaltung geht, ist der in einem Stück geschmiedete Hammer mit Metallstiel besser geeignet. Alle hier gezeigten Hämmer gibt es in mehreren Größen, die verschiedenen Zwecken oder auch Vorlieben und Gewohnheiten der Anwender angepasst sind.

6

Klüpfel

Auch der Klüpfel gehört zur Werkzeugfamilie der Hämmer. Der Kopf des Klüpfels ist meist aus Holz oder auch aus Hartgummi. Er ist so gefertigt, dass das (meist hölzerne) Werkstück oder Werkzeug, auf das er aufschlägt, nicht beschädigt wird. Zum Zusammenklopfen von Holzverbindungen nimmt man meist einen Klüpfel mit eckigem Kopf. Um mit dem Stemmeisen einen kontrollierten Schnitt zu führen, schlägt man mit dem Klüpfel auf das Ende des Heftes. Dazu nimmt man meist Klüpfel mit gedrechselten, runden Köpfen, die gerne aus dem grünen Lignum vitae (*Guaiacum officinale*, Pockholz) hergestellt werden. Dieses Holz ist so dicht, dass es im Wasser nicht schwimmt. Es gibt auch Klüpfel in anderen Formen. Welche Form für welchen Zweck gewählt wird, entscheidet letztlich der Anwender.

7

8

6 Für die Arbeit mit dem Stemmeisen ist ein gedrechselter hölzerner Klüpfel die beste Wahl. **7** Ein Klüpfel mit rechteckigem Kopf ist ein nützliches Allzweck-Werkzeug. **8** Einen Klüpfel mit einem Kopf aus Hartgummi kann man für allerlei Justierungsarbeiten gut brauchen.

HANDSÄGEN

Für eine bestimmte Arbeit die richtige Handsäge auszusuchen, ist nicht immer einfach, da es so viele Arten von Sägen gibt. Wir wollen Ihnen helfen, die richtige Säge für Ihre Zwecke zu finden. Das muss nicht immer die teuerste sein.

Die Säge wird durch die Muskelkraft des Anwenders vor und zurück bewegt und schneidet das Holz mithilfe ihrer Zähne. Eine fein gezahnte Säge hat kleine, eng nebeneinanderstehende Zähne, bei einer grob gezahnten Säge sind die Zähne groß und stehen weit auseinander. Dazwischen gibt es allerhand Abstufungen. Der Abstand zwischen den Zähnen wird in TPI (= teeth per inch, Zähne pro Zoll) angegeben.

Die Zähne sind leicht nach außen gebogen, und zwar immer ein Zahn nach rechts und ein Zahn nach links (Schränkung). Beim Sägen entsteht ein „Sägeschlitz", der etwas breiter ist als die Dicke des Sägeblattes. Er verhindert, dass sich das Sägeblatt im Holz verklemmt, und macht es möglich, dass das Sägeblatt richtig schneidet. Der Haken am Ende jedes Sägezahnes erinnert an ein winziges Stemmeisen. Eigentlich schneidet dieses „Stemmeisen" das Holz. Es wirft auch den Sägestaub aus, sodass der Sägeschlitz nicht verstopft wird.

In den westlichen Ländern zeigen die Zähne der Säge nach vorne; die Säge arbeitet auf Stoß. In manchen Ländern des Ostens, wie z. B. in Japan, zeigen die Zähne nach rückwärts; die Säge arbeitet auf Zug. Beide Arten von Sägen schneiden gut, aber japanische Sägen können aus dünnerem Stahl hergestellt werden und erzeugen daher einen schmaleren Sägeschlitz. Für präzise Schnitte quer zur Faser nimmt man eine fein gezahnte Säge, für einen Auftrennschnitt in Faserrichtung eine grob gezahnte Säge (siehe Seite 44).

ANATOMIE EINER HANDSÄGE

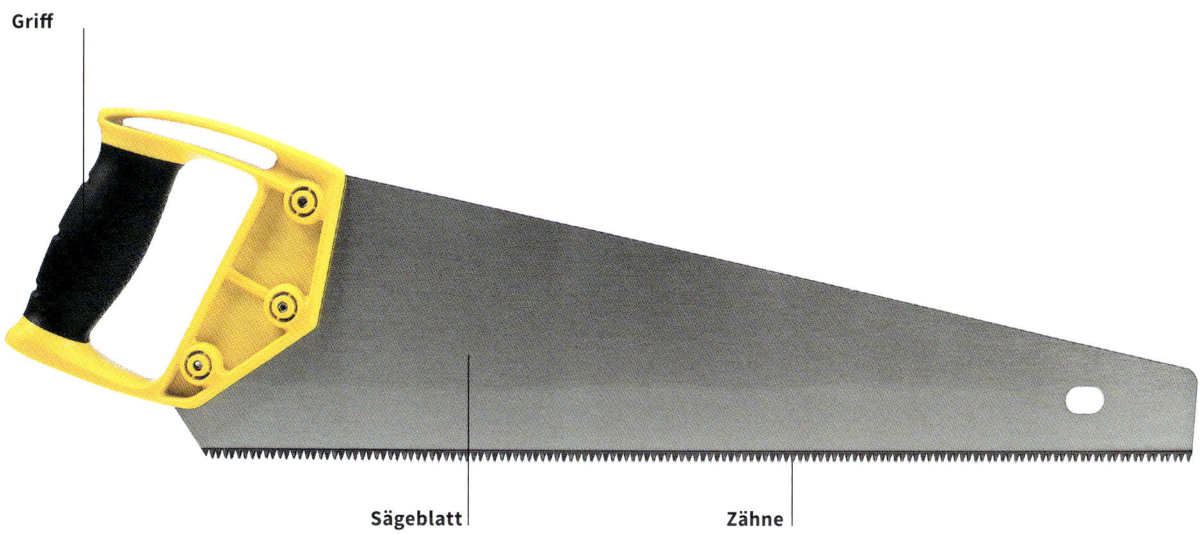

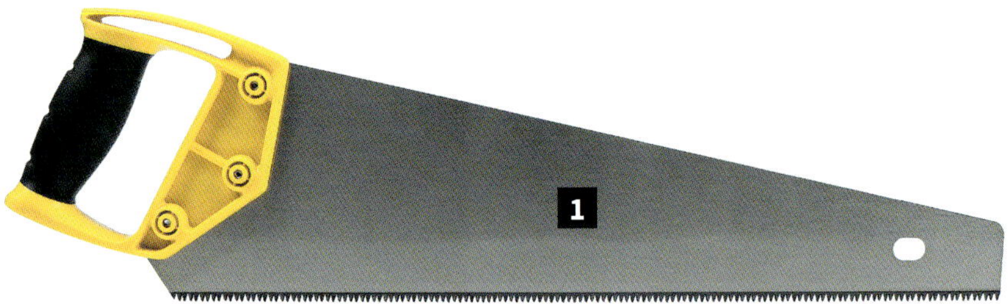

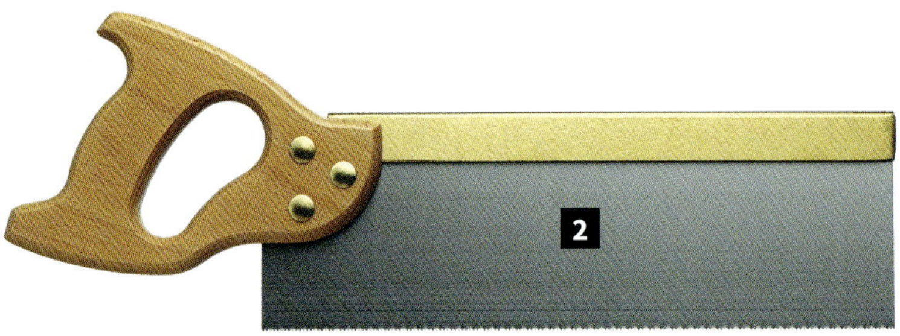

1 Wenn Sie nur eine Säge kaufen wollen, ist ein Fuchsschwanz die beste Wahl. **2** Die Zinkensäge ist eine Spezialsäge für aufwendige Holzverbindungen. **3** Den Kauf einer Kopiersäge werden Sie bestimmt nicht bereuen – Sie werden staunen, wie vielseitig sie sich einsetzen lässt!

Fuchsschwanz

Der Fuchsschwanz, die gängigste Handsäge, ist als Allzweck-Säge für Ihre Werkstatt zu empfehlen. Fuchsschwänze sind in vielen verschiedenen Größen und Feinheitsgraden erhältlich. Möbeltischler verwenden hochwertige Sägen mit einem Sägeblatt aus Karbonstahl. Dieser Stahl ist flexibel und lässt sich optimal schärfen. Der Nachteil liegt darin, dass die Schneide nicht lange scharf bleibt und oft nachgeschärft werden muss. Die modernen Sägen, die man heutzutage günstig im Baumarkt kaufen kann, sind häufig Bimetallsägen; die Zähne werden gehärtet, damit die Säge lange scharf bleibt. Kenntnisse in der Schärftechnik sind bei einer solchen Säge nicht erforderlich. Sie ist vielleicht nicht so scharf wie eine Spezialsäge für Möbeltischler, aber bei den meisten Arbeiten werden Sie wohl keinen Unterschied bemerken.

Zinkensäge

Diese Spezialsäge wird typischerweise für aufwendige Holzverbindungen wie die Schwalbenschwanzverbindung verwendet. Der verstärkte Rücken sorgt dafür, dass das Sägeblatt gerade bleibt; er begrenzt die Tiefe des Schnittes. Eine solche Säge wird Ihnen jedenfalls von Nutzen sein; sie wird auch bei den Projekten in diesem Buch verwendet.

Kopiersäge

Eine Kopiersäge sollte in Ihrem Werkzeugkasten nicht fehlen. Das feine, dünne Sägeblatt wird

von einem u-förmigen Bügel gehalten und durch Drehen am Handgriff gespannt.
Mit dieser Säge können Sie auch Kurvenschnitte machen; man braucht sie für durchbrochene Arbeiten, etwa beim Mittelstück einer Sessellehne, oder um zwei Profilleisten mit einer sauberen und unauffälligen Stoßverbindung zusammenzuführen.

Laubsäge

Die Laubsäge hat ein noch feineres Sägeblatt und einen noch tieferen Bügel als die Kopiersäge. Vorläufig werden Sie keine Laubsäge brauchen. Man verwendet sie zum Aussägen komplizierter Formen, zum Beispiel für die Umrisse von Puzzleteilen.

Handstichsäge

Das schmale Sägeblatt dieser Säge kann bei manchen Modellen so positioniert werden, dass es nur teilweise (so weit wie notwendig) aus dem Heft herausschaut. Dadurch wird verhindert, dass sich das Sägeblatt verbiegt. Die Handstichsäge kommt zum Beispiel für Kurvenschnitte zum Einsatz, die von einem Startloch im Werkstück ausgehen. Es kann nützlich sein, sie „für alle Fälle“ zur Verfügung zu haben, auch wenn Sie sie nicht jeden Tag brauchen werden. Handstichsägen gibt es in verschiedenen Größen; auch das Material des Sägeblattes kann variieren.

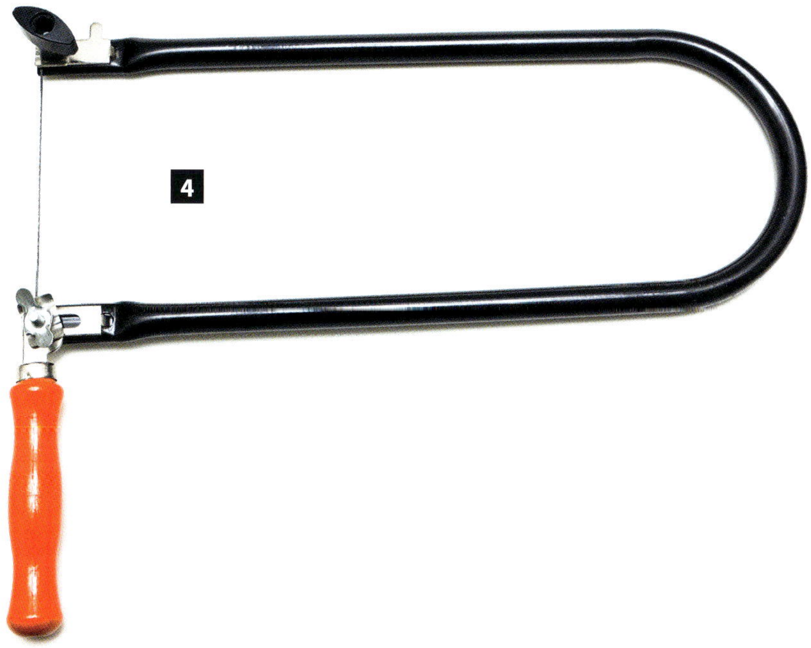

4 Eine Laubsäge verwendet man zum Aussägen komplizierter Formen.
5 Zum Aussägen der Ausnehmung für ein Türschloss und für Arbeiten bei beschränkten Platzverhältnissen ist die Handstichsäge das Richtige.

Tipps und Tricks

AUSRISS VERMEIDEN

Wenn Sie ein Stück Holz ganz durchsägen, achten Sie darauf, dass der abzusägende Bereich gut gestützt ist. So vermeiden Sie, dass er durch sein Gewicht nach unten gezogen wird und gegen Ende des Schnittes abbricht, sodass die Holzfasern ausreißen.

SCHRAUBENZIEHER

Abgesehen von Nägeln eignen sich Schrauben am besten, um zwei Holzstücke zusammenzuhalten. Eine kleine Auswahl an Schraubenziehern (Schraubendrehern) wird Ihnen beim Zusammenbau Ihrer Projektarbeiten und beim Befestigen von Metallteilen unschätzbare Dienste leisten. Wichtig ist, dass die Spitze des Schraubenziehers jeweils zu den verwendeten Schrauben passt.

ANATOMIE EINES SCHRAUBENZIEHERS

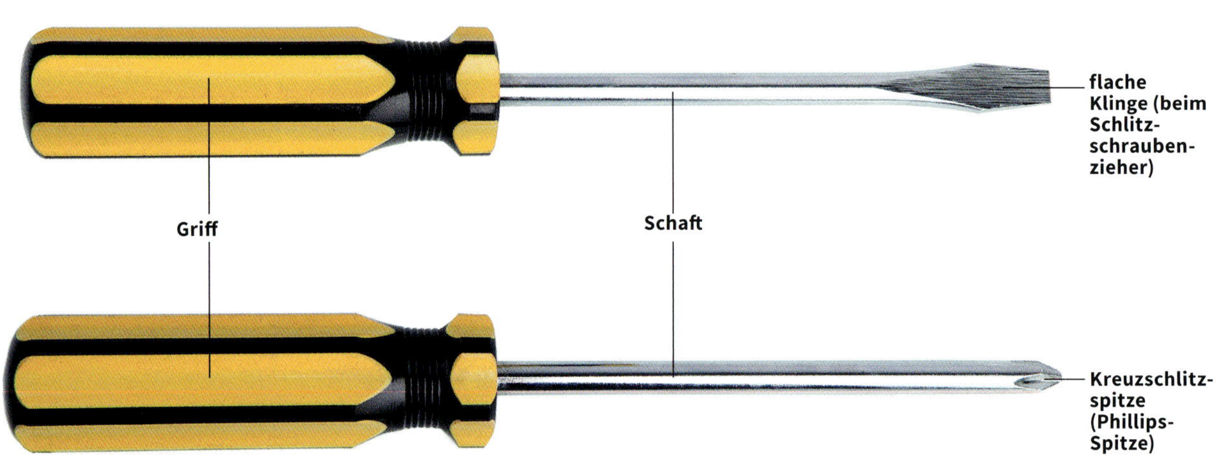

Schraubenzieher-Arten
Am gängigsten sind Schlitzschraubenzieher und Schraubenzieher mit Phillips-Spitze. Beim Schlitzschraubenzieher muss die Dicke der Klinge in den Schlitz am Schraubenkopf passen; die Klinge sollte nicht breiter sein als der Durchmesser des Kopfes. Die Phillips-Spitze ist für eine gängige Art von Kreuzschlitzschrauben gedacht; es gibt jedoch noch andere, ähnlich aussehende Kreuzschlitzschrauben. Man kann die verschiedenen Kreuzschlitzschrauben zwar mischen, aber der Schraubenzieher wird dabei beschädigt.

Verschiedene Griffe
Die Griffform sorgt dafür, dass Ihnen das Werkzeug bei der Arbeit optimal „in der Hand liegt". Den Autoren ist die Zwiebelform in Holzausführung am liebsten. Heute bestehen Schraubenziehergriffe meist aus Kunststoff. Die Zwiebelform ist immer noch erhältlich; daneben gibt es die heute gängige geriffelte Form, die ein festes Zupacken und Drehen ermöglicht, sowie zahlreiche „ergonomische" Griffe. Finden Sie heraus, welcher Griff Ihnen am liebsten ist – probieren geht über studieren!

1 Ein hölzerner, zwiebelförmiger Griff (links) ist den Autoren am liebsten. Rechts: ein Schraubenzieher mit einem modernen geriffelten Griff aus Kunststoff.

2

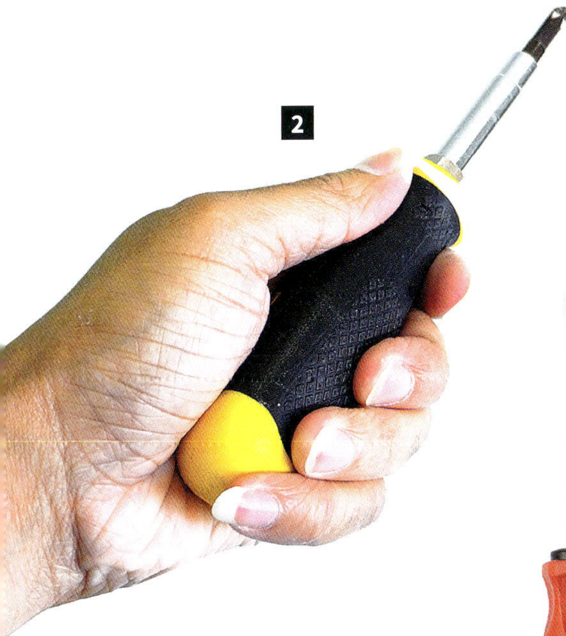

3

Schaftlänge

Besorgen Sie sich mehrere Schraubenzieher mit unterschiedlicher Schaftlänge. Mit einem langen Schaft können Sie auch „versteckte“ Schrauben im Inneren eines Kastens erreichen. Ein kurzer Schaft ermöglicht kontrolliertes Arbeiten an leicht zugänglichen Stellen. Ein Schraubenzieher mit mittellangem Schaft ist ein gutes Allzweckgerät.

2 Auch ein Schraubenzieher mit „ergonomischem“ Griff ist eine gute Wahl. **3** Besorgen Sie sich Schraubenzieher mit unterschiedlich langem Schaft, damit Sie für alle Fälle gerüstet sind. **4** Besonders vielseitig ist ein Schraubenzieher mit auswechselbarer Spitze. **5** Ohne viel Geld auszugeben, haben Sie für jeden Schraubentyp die richtige Spitze verfügbar.

Auswechselbare Spitze

Außer den einteiligen Schraubenziehern, bei denen das Ende des Schaftes zur Klinge oder Spitze geformt ist, gibt es noch die praktische Ausführung mit mehreren auswechselbaren Spitzen: Wenn Ihnen eine bestimmte Spitze fehlt, müssen Sie nur diese Spitze besorgen und nicht einen ganzen Schraubenzieher. Oft kann man die Austausch-Spitzen im Griff des Schraubenziehers verstauen.

4

5

STEMMEISEN

Der Umgang mit dem Stemmeisen ist relativ leicht zu erlernen. Dieses wichtige Werkzeug wird zum Herstellen von Holzverbindungen verwendet. Man kann damit auch feine Holzspäne abtragen, bis die Teile der Holzverbindung exakt zusammenpassen, oder ein Stück Holz auf die richtige Länge kürzen.

Am besten besorgen Sie sich für den Anfang einen Satz Allzweck-Stemmeisen. Wie die meisten Holzbearbeitungswerkzeuge sind auch Stemmeisen heutzutage meist mit Kunststoffgriffen ausgestattet. Sie sind in verschiedenen Längen erhältlich. Denken Sie daran, dass ein scharfes Stemmeisen an Ihrer Hand ebensolche Spuren hinterlassen kann wie am Holz. Lesen Sie unbedingt die Hinweise auf Seite 52–55!

Die beiden Stemmeisen-Arten, denen Sie zunächst Ihre Aufmerksamkeit zuwenden sollten, sind das Stemmeisen mit geraden Kanten und das Stemmeisen mit Seitenfasen. Wenn Sie sich auf einer Webseite zum Thema Holzarbeiten oder im Onlineshop eines Werkzeughändlers umsehen, werden Sie noch viele andere Arten von Stemmeisen in vielfältiger Ausführung kennenlernen, zum Beispiel Werkzeuge zum Drechseln und zum Schnitzen. In diesem Buch werden diese Werkzeuge nicht behandelt, da man eine ganze Reihe von zusätzlichen Fertigkeiten braucht, um damit zu arbeiten.

ANATOMIE EINES STEMMEISENS

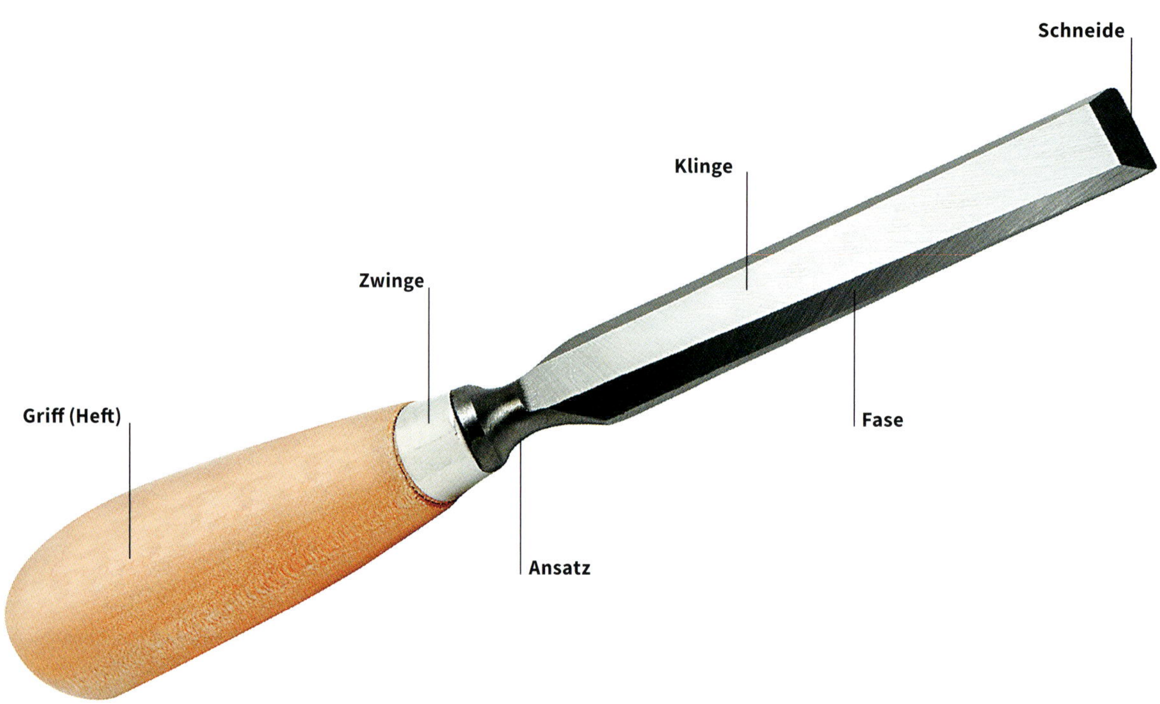

Stemmeisen mit geraden Kanten

Dieses Standardwerkzeug ist für allgemeine Holzstemmarbeiten geeignet. Die rechtwinkeligen Kanten geben dem Eisen die notwendige Steifigkeit, um z. B. Abfallholz herauszustemmen. Diese Art von Stemmeisen ist leichter herzustellen als andere und daher auch verhältnismäßig preisgünstig. Legen Sie sich eine kleine Auswahl an Stemmeisen mit geraden Kanten in verschiedenen gängigen Breiten zu. Sie werden sie sicher oft brauchen.

Stemmeisen mit Seitenfasen

Dieses Eisen sieht fast genauso aus wie ein Stemmeisen mit geraden Kanten. Der Unterschied sind die Fasen an den oberen Kanten. Sie bewirken, dass Sie mit dem Stemmeisen auch den letzten Winkel einer sich verjüngenden Vertiefung erreichen, z. B. bei einer Schwalbenschwanzverbindung. Solche komplizierten Holzverbindungen werden in diesem Buch zwar nicht behandelt – diese Stemmeisen sind jedoch auf jeden Fall ihr Geld wert und bilden eine gute Ergänzung zu den Eisen mit geraden Kanten.

1 Diese Stemmeisen mit geraden Kanten sind sehr robust und eignen sich für die meisten Holzstemmarbeiten. **2** Mit einem Stemmeisen mit Seitenfasen können Sie auch den letzten Winkel einer sich verjüngenden Vertiefung erreichen.

Schärfsteine

Ihre Stemmeisen werden schnell stumpf werden. Daher sollten Sie sich auch einen Schärfstein (Ölstein) und eventuell auch einen Schleifbock besorgen. Es ist gar nicht schwer, die scharfe Schneide des Eisens selbst wiederherzustellen (siehe Seite 55). Zu dem Schärfstein brauchen Sie noch Schleiföl, das den Stein schützt und den Abrieb wegschwemmt. Vorsicht: Wenn Sie einen Wasserstein gewählt haben, dürfen Sie kein Öl verwenden!

Schärfsteine oder Abziehsteine halten die Schneide Ihrer Stemmeisen scharf. Die hier abgebildete Auswahl enthält Steine mit grober und feiner Körnung. Manche Steine haben eine grobe und eine feine Seite.

BOHRWERKZEUGE

Das Bohren von Löchern ist eine der grundlegenden Techniken der Holzbearbeitung. Es gibt viele verschiedene Bohrer und Bohrgeräte zu kaufen. Auch Sie werden zumindest einige der Werkzeuge anschaffen, die wir Ihnen hier vorstellen.

Handbohrer

Der Handbohrer wird gröblich unterschätzt. Wir raten Ihnen dringend zu diesem Gerät als fixem Bestandteil Ihrer Ausrüstung. Heutzutage werden motorbetriebene Geräte ganz allgemein bevorzugt, sie sind aber nicht immer der Weisheit letzter Schluss. Das Bohren gehört zu den Arbeiten, die leicht mit handbetriebenen Geräten erfolgen können (siehe Seite 50). Der Handbohrer ist preisgünstig, vielseitig einsetzbar und auch ohne elektrischen Strom immer betriebsbereit.

1 Ein Handbohrer ist eine nützliche, preisgünstige Vervollständigung Ihres Werkzeugkastens. Vielleicht finden Sie in einem Second-Hand-Laden ein schönes altes Gerät wie das auf unserem Bild.

ANATOMIE EINES HANDBOHRERS

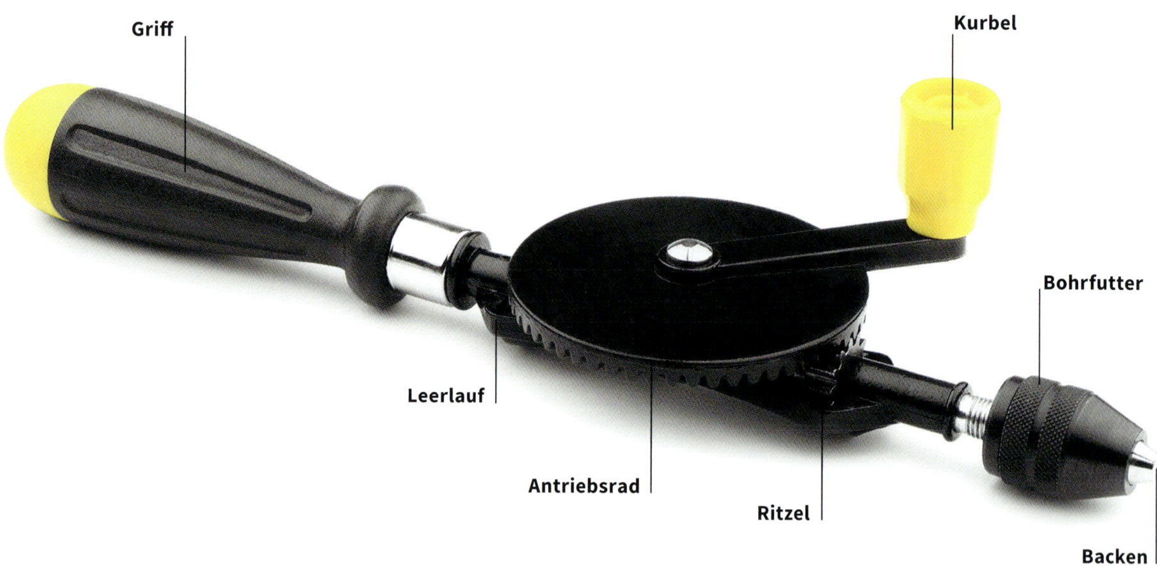

Bohrer

Auch Bohrer gibt es in vielen verschiedenen Ausführungen. Am häufigsten begegnen uns die normalen Spiralbohrer, die für Holz und Metall geeignet sind. Einen Satz von diesen Bohrern werden Sie ständig in Gebrauch haben. Ein weiterer Spiralbohrertyp, der Holzbohrer, sieht fast genauso aus, hat aber in der Mitte eine dünne Spitze, mit der man ins Holz sticht, bevor man zu bohren beginnt; so wird der Bohrer genau zentriert.

Für größere Löcher eignet sich der Flachfräsbohrer. Ein Satz Flachfräsbohrer ist eine preisgünstige, nützliche Ergänzung für Ihren Werkzeugkasten. Für große Löcher gibt es auch den viel teureren Forstnerbohrer, der ein ganz präzises Bohrloch erzeugt und hauptsächlich von Möbeltischlern verwendet wird.

Akku-Bohrmaschine

Jeder, der mit Holz arbeitet, hat eine Akku-Bohrmaschine – oder will zumindest eine haben. Das gilt gewiss auch für Sie! Mehr Details zu motorbetriebenen Geräten siehe Seite 35.

2 Rechts sehen Sie einen Spiralbohrer, in der Mitte einen Flachfräsbohrer und links einen Forstnerbohrer.

3 Ein Bohrersatz, bestehend aus normalen Spiralbohrern, die für Holz und Metall geeignet sind (= HSS-Bohrer – HSS steht für High-Speed Steel), Holzbohrern mit Zentrierspitze und ein paar Stein-Spiralbohrern.

2

3 Stein-Spiralbohrer | HSS-Bohrer für Holz und Metall | Holzbohrer

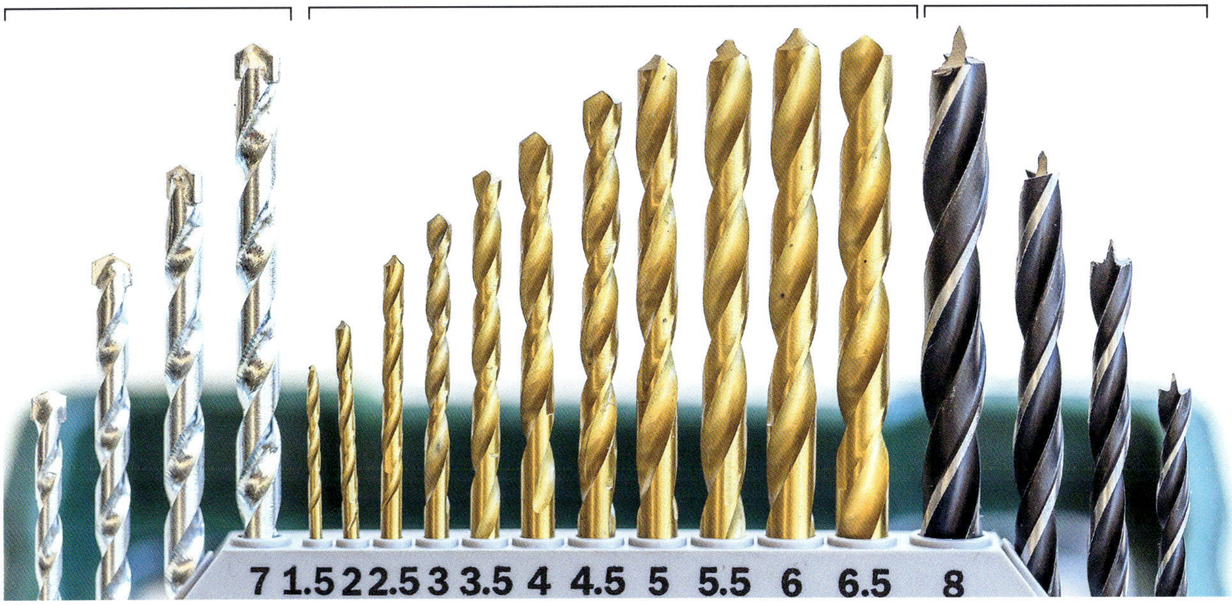

HANDHOBEL

Mit dem Handhobel kann man ganz dünne Späne abnehmen und eine absolut plane und gerade Holzoberfläche erzeugen.

Der Handhobel hat eine breite, dünne Klinge, die in einem bestimmten Winkel so im Hobelkasten befestigt ist, dass die scharfe Schneide unterhalb der „Sohle“ (= der Unterseite des Hobels) leicht hervorsteht. Wenn der Hobel über ein Stück Holz bewegt wird, nimmt die Klinge (= das „Hobeleisen“) einen breiten, hauchdünnen Span ab und hinterlässt eine glatte Oberfläche. „Warum nimmt man nicht Schleifpapier?“, werden Sie vielleicht fragen. Die Antwort: Der Hobel nimmt mehr Material weg als Schleifpapier, die Oberfläche wird viel glatter und völlig plan. Ein bisschen Übung ist notwendig, um das Hobeln zu erlernen (siehe Seite 56), aber das Arbeitsergebnis lohnt den Zeitaufwand reichlich. Wenn man die Technik einmal beherrscht, erweist sich der Hobel als äußerst praktisches Werkzeug. Dem erfahrenen Hobbyhandwerker bietet der Handel eine große Auswahl an Hobeln.

ANATOMIE EINES HOBELS

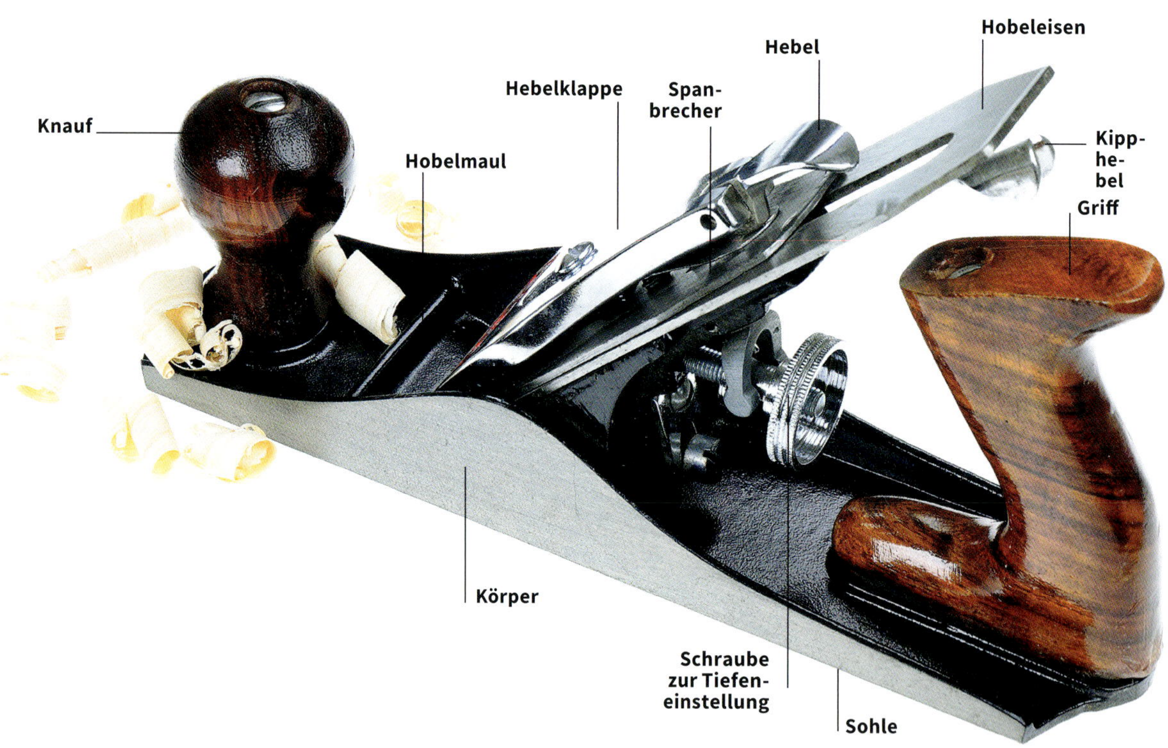

Verschiedene Hobel
Für Einsteiger empfehlen wir zwei Hobeltypen, den Schlichthobel und den Blockhobel.

Der Schlichthobel ist größer als der Blockhobel und dient zum Glätten sägerauer Oberflächen. Den Blockhobel, den man leicht mit nur einer Hand führen kann, verwendet man, um kleine Unebenheiten von der Holzoberfläche zu entfernen. Er kann auch in einem Winkel von 45° an der Kante eines Bretts entlanggeführt werden, um eine scharfe Kante zu brechen (siehe Seite 57).

1 Mit einem Blockhobel lassen sich scharfe Kanten schnell und mühelos brechen. **2** Zum richtigen Umgang mit dem Schlichthobel ist etwas Übung notwendig, aber die Mühe lohnt sich.

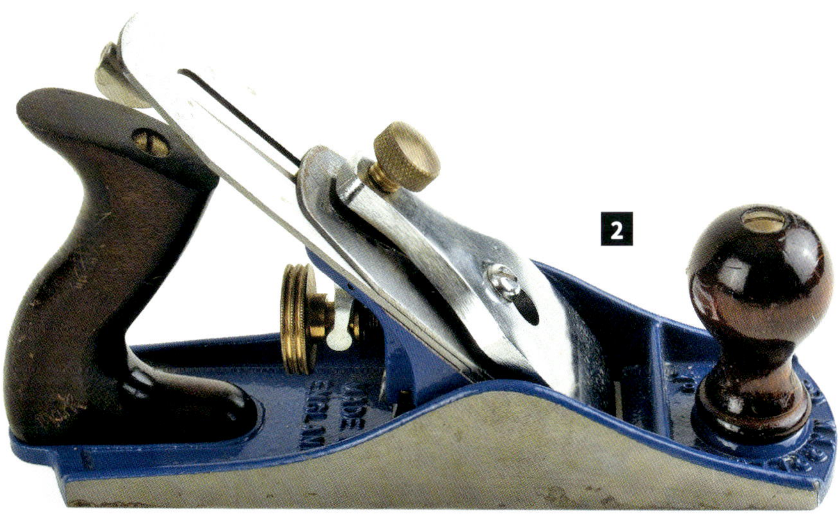

MESSEN UND MARKIEREN

„Zweimal messen, einmal schneiden“ – so lautet eine alte Handwerkerregel, die auch Sie beherzigen sollten. Falsches Zuschneiden kostet nicht nur Zeit und Nerven, sondern auch Material und Geld. Aus der Vielzahl von Geräten zum Messen und Markieren stellen wir Ihnen hier eine kleine Auswahl vor, deren Anschaffung Sie sich überlegen sollten.

Stahllineal

Ein Lineal aus Stahl lässt sich vielseitiger einsetzen, als Sie vielleicht glauben. Es ist praktischer als ein Kunststofflineal, denn es ist haltbarer, die Messergebnisse sind besser zu sehen und abzulesen. Neben dem metrischen Maßsystem, das in diesem Buch verwendet wird, gibt es nach wie vor das angloamerikanische Maßsystem. Vielleicht werden Sie auch ab und zu nach englischen oder amerikanischen Anleitungen arbeiten. Für diesen Fall ist ein Lineal zu empfehlen, das sowohl eine metrische als auch eine angloamerikanische Skala hat.

Maßband

Zum Abmessen größerer Längen ist ein Maßband das Richtige. Auch bei diesem kann es von Vorteil sein, wenn es außer der metrischen eine angloamerikanische Skala hat. Es empfiehlt sich, ein hochwertiges Maßband zu kaufen. Es ist teurer, hält aber auch länger.

Schmiege

Bei diesem praktischen Winkelmessgerät lässt sich der bewegliche Teil (Zunge) entlang des geschlitzten Teiles (Schenkel) verschieben und im gewünschten Winkel arretieren. So können Sie einen Winkel von einem Gegenstand auf einen anderen übertragen.

Kombiwinkel

Zu den gängigen Messgeräten, die es in vielfältigen Ausführungen gibt, gehört auch der bewährte traditionelle Tischlerwinkel. Er ist einfach im Gebrauch und liefert präzise Ergebnisse. Der Kombiwinkel ist jedoch noch praktischer und noch vielseitiger. Mit ihm können Sie sowohl im rechten Winkel als auch in einem Winkel von 45° Markierungslinien anbringen. Die verschiebbare Messleiste kann auch als Lineal (zum Messen von Längen) verwendet werden. Manche Kombiwinkel haben eine eingebaute Wasserwaage. Diese an und für sich nützliche Zusatzfunktion werden Sie als Einsteiger noch kaum brauchen.

1

2

3

4

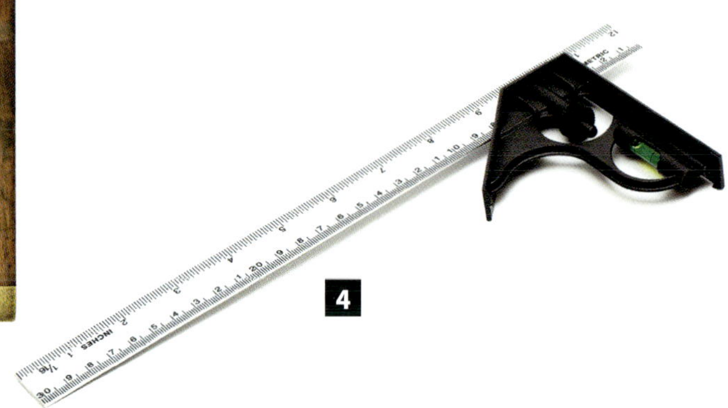

1 Das Stahllineal ist ein vielseitig einsetzbares Messgerät. **2** Ein Maßband. **3** Eine Schmiege – auch ein altehrwürdiges Gerät wie dieses – ist für den Holzwerker von großem Nutzen. **4** Ein Kombiwinkel.

ANATOMIE EINES KOMBIWINKELS

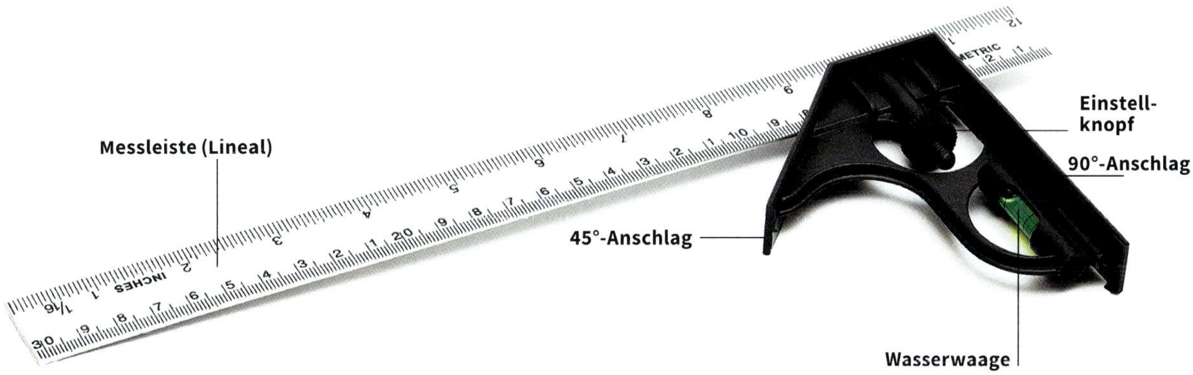

ANATOMIE EINES MASSBANDES

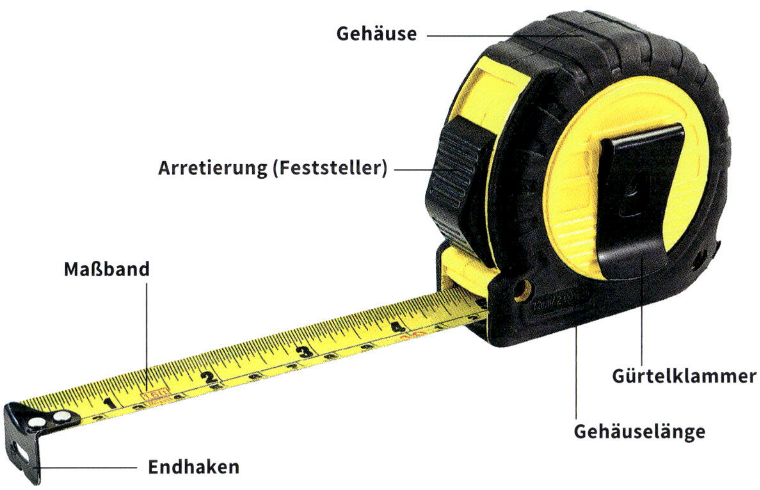

5 Um Markierungen auf Holz anzubringen, ist meistens ein Bleistift am besten geeignet. Sie können einen rechteckigen Zimmermannsbleistift, aber auch einen herkömmlichen Bleistift nehmen. **6** Auch ein einfaches Stanleymesser eignet sich zum Anbringen von Markierungen. Die praktische Abbrechklinge ist im Nu wieder scharf, wenn Sie sie an der vorgefertigten Sollbruchstelle abknicken.

5

6

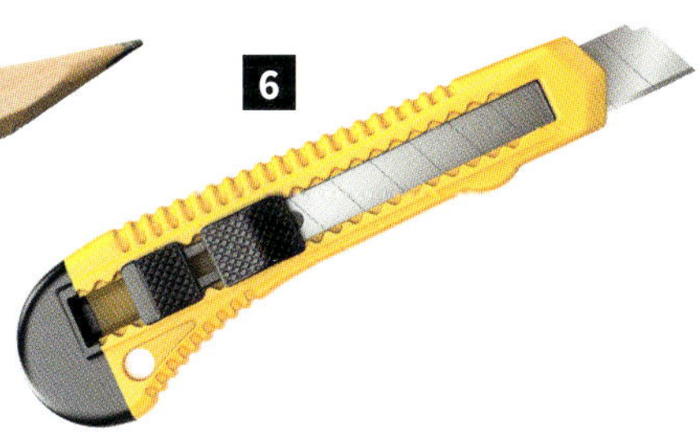

Bleistift

Um beim Sägen Markierungen anzubringen, eignet sich ein Bleistift am besten. Manche bevorzugen einen rechteckigen Zimmermannsbleistift, die Autoren sind jedoch mit einem „normalen“ Bleistift zufrieden. Wählen Sie einen mittleren Härtegrad (HB). Er erzeugt gut sichtbare Markierungen und muss nicht ständig neu gespitzt werden.

Stanleymesser

Auch ein Messer eignet sich zum Markieren; ein einfaches Stanleymesser genügt. Das Einritzen einer Linie in die Holzoberfläche (= Anreißen) ist eine gebräuchliche Arbeitstechnik. Die Holzfasern werden durchtrennt und der nachfolgende Schnitt mit der Säge erzeugt eine saubere Kante. Mit dem Stanleymesser können Sie übrigens auch Ihren Bleistift spitzen.

KLEMMEN

Mit einer Klemme können Sie durch Anziehen der beiden Klemmbacken zwei Holzteile aneinander fixieren oder ein Werkstück an der Werkbank befestigen, während Sie es bearbeiten.

ANATOMIE EINER SCHRAUBZWINGE

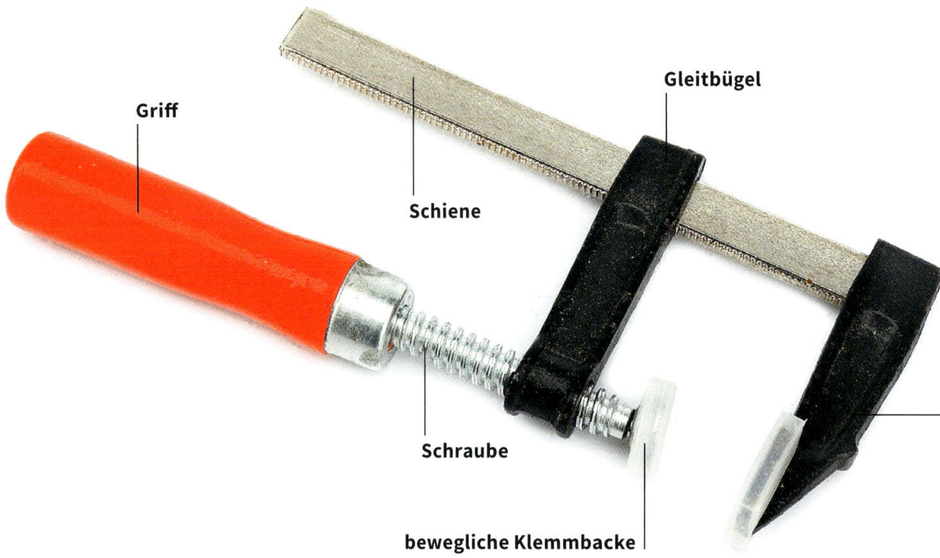

Schraubzwinge
Es gibt verschiedene Arten von Klemmen. Die Schraubzwinge (Bild oben) ist am vielseitigsten. Das Klemmgut wird von den beiden Klemmbacken festgehalten. Schraubzwingen sind preisgünstig und leicht erhältlich, so dass Sie sich ohne weiteres mehrere besorgen können. Wählen Sie unterschiedliche Größen, damit Sie für die Arbeit an verschiedenen Projekten ausgerüstet sind.

1 Hier werden zwei Holzteile zusammengeleimt und mit Schraubzwingen fixiert, bis der Leim getrocknet ist.

ELEKTROWERKZEUGE

Für alle Arten von Holzarbeiten gibt es elektrisch betriebene Werkzeuge. Wenn Sie Ihre Kenntnisse und Fertigkeiten weiter ausbauen, werden Sie sich auch mit diesen Geräten vertraut machen.

Einige elektrische Geräte, die für allgemeine Holzarbeiten eingesetzt werden, sind auch Einsteigern zu empfehlen. Die hier gezeigten Maschinen gehören zu den preisgunstigsten und praktischsten Elektrowerkzeugen. Bevor Sie eines oder mehrere davon kaufen, überlegen Sie, ob sie Ihnen beim Einstieg in Ihr Hobby helfen können. Wenn das nicht der Fall ist, verschieben Sie den Kauf auf später.

Bohrmaschine

Zum Bohren von Löchern kann statt dem Handbohrer eine Bohrmaschine mit oder ohne Kabel verwendet werden. Das Eindrehen von Schrauben wird unserer Meinung nach zu oft maschinell erledigt; eine Akku-Bohrmaschine ist dazu meist zu stark, verwenden Sie allenfalls einen Akkuschrauber. Wenn Sie Schrauben jedoch händisch eindrehen (Seite 46), bekommen Sie ein Gefühl dafür, wie das Holz beim Eindrehen einer Schraube reagiert. Gleichzeitig lernen Sie, wie man Holzstücke richtig zusammenschraubt.

Säulenbohrmaschine (Standbohrmaschine)

Eine Säulenbohrmaschine ist ein Spezialwerkzeug und erreicht eine Genauigkeit, mit der ein Handgerät nicht mithalten kann. Das gilt vor allem, wenn Sie genau rechtwinklig zur Oberfläche des Werkstücks bohren wollen. Es gibt auch kleinere, leichtere Säulenbohrmaschinen, die Sie platzsparend auf Ihrer Werkbank aufstellen können. Später, wenn Sie Ihre handwerklichen Fertigkeiten ausgebaut haben, können Sie die Anschaffung einer solchen Maschine in Betracht ziehen.

1 Eine mittelgroße, herkömmliche Akku-Bohrmaschine erleichtert das Bohren von Löchern ganz wesentlich. Zum Eindrehen von Schrauben ist sie meist zu stark.

2 Eine Säulenbohrmaschine für Ihre Werkbank muss nicht teuer sein und wird Ihnen später von Nutzen sein, wenn Sie Ihre handwerklichen Fertigkeiten ausgebaut haben.

1

2

Nagelpistole
In Heimwerkersendungen im Fernsehen sieht man oft, wie Holzteile mit einer kleinen Nagelpistole zusammengenagelt werden. Das sieht wie eine schnelle und gute Lösung aus. Unserer Meinung nach schießt man dabei „mit Kanonen auf Spatzen".

Elektrische Säge
Natürlich geht das Sägen mit einer motorbetriebenen Stichsäge, einer Kreissäge oder einer elektrischen Gehrungssäge viel leichter und schneller. Die Arbeit mit diesen leistungsstarken Geräten kann jedoch gefährlich sein. Sie sollten damit warten, bis Sie genügend Sicherheit und Know-how gewonnen haben. Ein einschlägiger Kurs ist zu empfehlen.

Oberfräse
Von allen motorbetriebenen Werkzeugen, die in der Holzbearbeitung eingesetzt werden, ist die Oberfräse am vielseitigsten. Sie eröffnet ein gewaltiges Spektrum von Gestaltungsmöglichkeiten. Allerdings sollten Sie den Umgang mit diesem Gerät auf jeden Fall unter Aufsicht erlernen. Der gyroskopische Effekt, der durch die Drehbewegung entsteht, wirkt auf viele Einsteiger beängstigend und mag so manchen von der Arbeit mit der Oberfräse abhalten.

Schleifgeräte
Als Letztes wollen wir noch auf die Motorschleifgeräte eingehen, von denen es viele Varianten gibt. Mit einem solchen Gerät ist die Schleifarbeit viel schneller erledigt. Wenn Sie sich ein solches Gerät zulegen wollen, wählen Sie für den Anfang einen Exzenterschleifer. Er hinterlässt weniger Wirbelspuren als eine Tellerschleifmaschine.

Die Nagelpistole sollten Sie berufsmäßigen Handwerkern überlassen, bei denen es oft schnell gehen muss.

3

4

Mit einer elektrischen Säge geht das Sägen leicht und schnell von der Hand. Den Umgang mit allen motorbetriebenen Sägen – auch mit der hier abgebildeten Kreissäge – müssen Sie zunächst lernen und üben. Auch danach ist Vorsicht geboten.

5

Von allen motorbetriebenen Geräten ist die Oberfräse am vielseitigsten einsetzbar. Sie ist aber auch teuer und kann gefährlich sein. Man muss lange üben, bis man den Umgang mit der Oberfräse beherrscht.

6

Unter der Vielzahl der Motorschleifgeräte ist der Exzenterschleifer besonders praktisch.

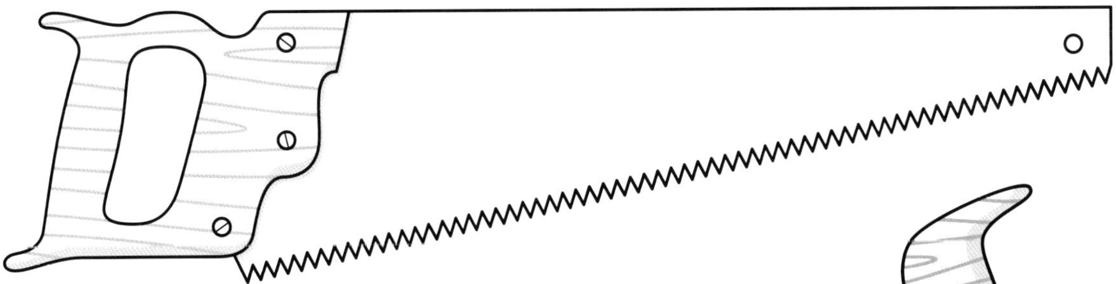

HANDWERKZEUGE IM EINSATZ

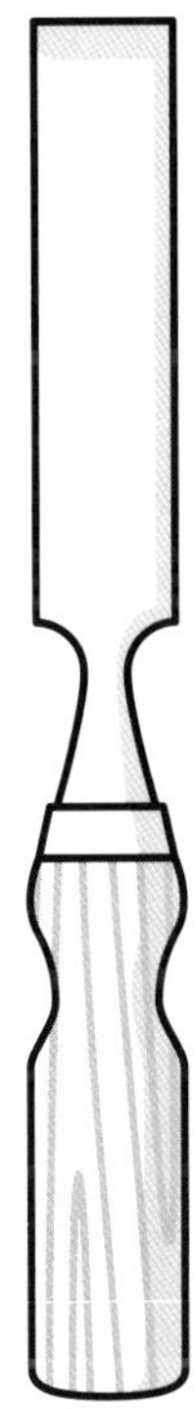

Der richtige Gebrauch der wichtigsten Handwerkzeuge, die Sie für die Holzbearbeitung brauchen, ist schnell erlernt. Genau darum geht es im folgenden Kapitel. Tipps und Tricks zum nutzbringenden und sicheren Einsatz dieser Werkzeuge werden mitgeliefert.

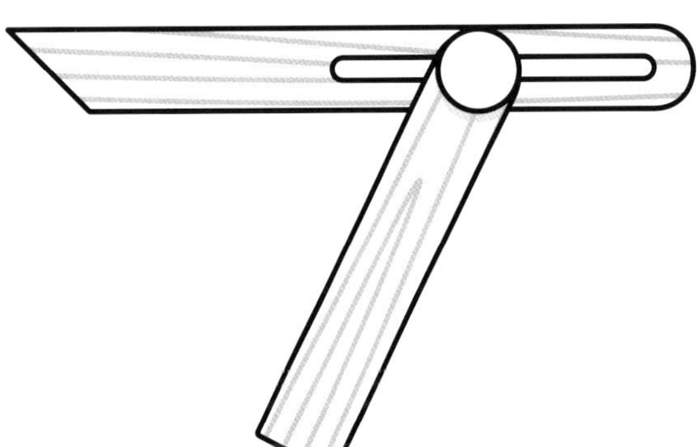

DEN HAMMER RICHTIG EINSETZEN

Nichts scheint leichter, als einen Nagel einzuhämmern. Trotzdem will auch der Umgang mit dem Hammer gelernt sein, damit Sie den Nagel auch jedes Mal richtig treffen.

Den Hammer halten

Zuallererst müssen Sie den Hammer richtig in der Hand halten. Besonders wichtig ist dies bei einem Hammer für Holzarbeiten, hier ist dazu auch etwas mehr „Fingerspitzengefühl" erforderlich als bei einem Hammer zur Metallbearbeitung.
Stellen Sie sich vor, Sie wollten einem Freund die Hand schütteln. Halten Sie den Hammerstiel genau so, wie Sie die Hand des Freundes halten würden, und zwar nahe am unteren Ende des Hammerstiels. So wird die Hebelwirkung vergrößert, und der Hammer kann möglichst effektiv eingesetzt werden. Den Hammer in der Mitte des Stieles zu halten, ist ein häufiger Fehler. Er führt zu schlechteren Ergebnissen, weil die Hebelwirkung geringer ist und der Anwender das Werkzeug auch weniger gut kontrollieren kann.

So halten Sie den Hammer richtig: Die Hand befindet sich am unteren Ende des Hammerstiels. Am Aufschlagpunkt bildet die Schlagfläche des Hammers mit dem Nagel einen rechten Winkel.

Einen Nagel einschlagen

Halten Sie den Nagel zwischen Finger und Daumen jener Hand, die nicht den Hammer hält. Halten Sie ihn nahe am Nagelkopf, damit die Finger nicht auf dem Holz aufliegen – denn das könnte schmerzhafte Folgen haben, falls Sie mit dem Hammer die Finger statt dem Nagel treffen. Setzen Sie die Nagelspitze an der Stelle auf, wo Sie den Nagel einschlagen wollen. Dann klopfen Sie mit dem Hammer ein paarmal leicht auf den Nagelkopf, sodass der Nagel ins Holz eindringt und an der richtigen Stelle fixiert wird. So können Sie die richtige Position einnehmen, damit die Schlagfläche (Bahn) des Hammerkopfes sich im rechten Winkel zum Nagel befindet und Sie einen kraftvollen Hammerschlag führen können. Schauen Sie beim Hämmern auf den Nagel und nicht auf den Hammer – dann werden Sie den Nagel jedes Mal treffen.
Nehmen Sie die Hand weg, die den Nagel gehalten hat. Schlagen Sie mehrmals mit dem Hammerkopf auf den Nagel; treiben Sie ihn mit jedem Schlag weiter ins Holz, bis er zur Gänze darin steckt. Wenn Sie einen kleinen englischen Schlosserhammer verwenden (Abb. Seite 19), soll der Schwung aus dem Handgelenk kommen, beim größeren Klauenhammer aus dem Ellbogengelenk. Sie brauchen für den Schlag nicht viel Kraft, denn der Schwung und das Gewicht des Hammers erledigen fast die ganze Arbeit.
Treiben Sie den Nagel nicht so weit ins Holz, dass der Hammerkopf Dellen auf der Holzoberfläche hinterlässt – das sieht hässlich aus. Wenn nur mehr der Nagelkopf aus dem Holz hervorsteht, können Sie ihn unter die Oberfläche treiben, indem Sie einen Versenker (siehe Seite 41, Bild 6) auf dem Nagelkopf aufsetzen und mit dem Hammer auf den Versenker schlagen. So kann der Hammer keinen Schaden anrichten. Eine etwaige Vertiefung über dem versenkten Nagelkopf können Sie mit Holzkitt auffüllen.

Bevor Sie zu hämmern beginnen, halten Sie den Nagel mit Daumen und Finger fest.

Vorbereitung zum Einschlagen eines kleinen Nagels.

Beim Einschlagen kleiner Nägel kommt der Schwung aus dem Handgelenk.

Vorbereitung zum Einschlagen eines großen Nagels.

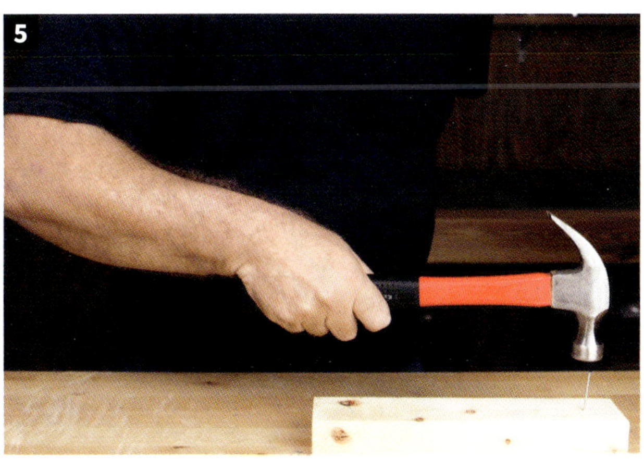

Beim Einschlagen großer Nägel kommt der Schwung aus dem Ellbogengelenk.

Um den Nagelkopf unter die Holzoberfläche zu treiben, nehmen Sie einen Versenker. Eine etwaige Vertiefung füllen Sie mit Holzkitt auf.

Kleine Nägel einschlagen

Um kleine Nägel oder Drahtstifte einzuschlagen, können Sie den Hammerkopf umdrehen und die Pinne (die andere, schmale Seite des Hammerkopfes) zwischen die Finger nehmen, mit denen Sie sonst den Nagel halten. Wenn Sie keinen Hammer mit schmaler Pinne haben, können Sie den Drahtstift durch ein Stück dünnen Karton stecken. Dann halten Sie den Karton fest, sodass Ihre Finger außerhalb des Gefahrenbereichs sind, und schlagen Sie den Nagel mit der großen Schlagfläche des Hammers ein. Wenn der Nagel ins Holz eingedrungen ist, lässt sich der Karton leicht entfernen.

1 Die flache Pinne des englischen Schlosserhammers dient zum Einschlagen kleiner Nägel und Drahtstifte.

2 Damit Ihre Finger nicht in den Gefahrenbereich geraten, können Sie ein Stück Karton zu Hilfe nehmen.

Nägel herausziehen

Die klauenförmige Gegenseite des Klauenhammers dient zum Herausziehen von Nägeln. Schieben Sie den abgeflachten Teil der Klaue unter den Nagelkopf. Halten Sie den Hammerstiel fest, lassen Sie die gebogene Oberfläche der Klaue auf dem Holz abrollen und ziehen Sie den Nagel mithilfe der Hebelwirkung heraus. Eine schützende Unterlage unter der Klaue ist zu empfehlen, damit das Holz nicht beschädigt wird. Um die Hebelwirkung nach und nach zu verstärken, während der Nagel aus dem Holz gezogen wird, kann man die Klaue auch mit einem Holzklotz unterlegen.

Tipps und Tricks

HOLZSPALTUNG VERMEIDEN

Das ist schon fast jedem passiert: Ein Nagel wird nahe der Kante eines Holzstücks eingeschlagen, das spitz zulaufende Ende des Nagels spreizt die Holzfasern auseinander und das Holz spaltet sich. Dies lässt sich verhindern: Setzen Sie den Nagelkopf auf einer Metalloberfläche auf und klopfen Sie mit dem Hammer auf die Nagelspitze, sodass sie stumpf wird.

Wird ein Nagel mit stumpfer Spitze ins Holz eingeschlagen, zerreißt er die Holzfasern und dringt durch das entstehende Loch, ohne dass das Holz sich spaltet. Eine zeitaufwendigere Lösung besteht darin, ein Pilotloch ins Holz zu bohren und den Nagel mit Wachs oder Seife gleitfähig zu machen.

Damit der Nagel das Holz nicht spaltet, klopfen Sie mit dem Hammer auf die Nagelspitze, sodass sie stumpf wird.

RICHTIG SÄGEN

Richtig sägen will gelernt sein. Bevor Sie beginnen, müssen Sie die richtige Säge wählen. Die Entscheidung hängt davon ab, was Sie sägen wollen.

Die richtige Säge
Die Auswahl der richtigen Säge hängt davon ab, ob Sie in Faserrichtung oder quer zur Faser schneiden wollen. Zum Auftrennen (in Faserrichtung) nehmen Sie eine grob gezahnte Säge, zum Sägen quer zur Faser eine fein gezahnte. Als Allzweck-Säge eignet sich ein Fuchsschwanz (Seite 22) am besten – später können Sie sich mit anderen Sägen vertraut machen, die für spezielle Zwecke gedacht sind. Alle hier gezeigten Fuchsschwänze haben gehärtete Zähne und müssen daher nicht geschärft werden.

Ein Stück Holz sägen
Markieren Sie das Werkstück dort, wo Sie schneiden wollen (Seite 63), und folgen Sie dann der Markierungslinie. Vergessen Sie nicht: Zweimal messen, einmal schneiden! Einen Sägeschnitt können Sie nicht rückgängig machen; mit einem falschen Schnitt machen Sie ein Stück Holz unbrauchbar.

Platzieren Sie die Sägezähne beim Ende des Sägeblattes (nicht beim Griff, sondern am anderen Ende) auf der Abfallseite der Markierungslinie. Legen Sie den Daumen seitlich (nicht zu nahe an den Zähnen) auf das Sägeblatt, um es zu stützen. Nun beginnen Sie zu schneiden: Stoßen Sie das Sägeblatt kraftvoll nach vorne. Das geht bei einem Auftrennschnitt in Faserrichtung viel leichter als bei einem Schnitt quer zur Faser.

Bewegen Sie die Säge weiter vor und zurück. Sie schneidet bei der Vorwärtsbewegung (= „auf Stoß"). Sobald der Sägeschlitz tief genug ist, um das Sägeblatt an seinem Platz zu halten, nehmen Sie den Daumen vom Sägeblatt weg. Üben Sie keinen Druck auf die Säge aus – die Sägezähne besorgen die Arbeit von selbst. Achten Sie aber auf Ihre Position: Sie müssen den Arm ungehindert und gleichmäßig vor und zurück bewegen können, damit der Schnitt exakt und gerade wird. Das Sägeblatt soll fast auf seiner ganzen Länge mit dem Holz in Kontakt kommen. Wenn Ihre Position korrekt ist, schneidet die Säge gerade an der Markierungslinie entlang. Es braucht einige Übung, die Säge aufrecht zu halten, sodass der Schnitt genau senkrecht ausfällt.

So schneiden Sie gerade und gleichmäßig
Wenn Sie auch noch so viel Geschick und Erfahrung im Sägen mitbringen: Der Schnitt tendiert immer dazu, von der Linie abzuweichen. Dem können Sie entgegenwirken, indem Sie den Winkel der Säge zum Schnitt im Holz ganz leicht verändern. So können Sie die Säge an einer Markierungslinie entlangführen. Auch dazu braucht man Übung.

Das Aufbringen von Wachs auf das Sägeblatt kann dazu beitragen, dass es sich gleichmäßiger im Sägeschlitz bewegt. Sie brauchen nur eine Kerze leicht an beiden Seiten des Sägeblattes hin und her zu reiben, um den Reibungswiderstand zu verringern.

Fein gezahnte Sägen nimmt man im Allgemeinen für Hirnschnitte (quer zur Faser), grob gezahnte für Auftrennschnitte (entlang der Faser).

Platzieren Sie die Säge auf der Abfallseite der Markierung. Führen Sie das Sägeblatt mit dem Daumen oder einem anderen Finger.

Nun beginnen Sie zu schneiden: Stoßen Sie das Sägeblatt kraftvoll nach vorne. Halten Sie den Griff der Säge fest, damit Sie die Schnittrichtung besser kontrollieren können.

Führen Sie die Säge mit einer gleichmäßigen Bewegung vor und zurück, sodass das Sägeblatt auf seiner ganzen Länge mit dem Holz in Kontakt kommt. So macht die Säge die Arbeit allein.

Tipps und Tricks

SCHNEIDEN IN FASERRICHTUNG UND QUER ZUR FASER

Durch einen Schnitt in Faserrichtung können Spannungen im Holz freigesetzt werden, sodass sich der Sägeschlitz schließt und das Sägeblatt einklemmt. Wenn Sie einen kleinen Keil im Sägeschlitz platzieren, um diesen offen zu halten, kann das Sägeblatt nicht eingeklemmt werden. Unterschiedliche Winkel je nach Schnittrichtung ermöglichen präzise Schnitte.

Bei einem Schnitt quer zur Faser setzen Sie die Säge in einem Winkel von 45° an.

Bei einem Schnitt entlang der Faser wählen Sie einen Winkel von 30°.

UMGANG MIT DEM SCHRAUBENZIEHER

Schrauben von Hand mit einem Schraubenzieher einzudrehen, ist eine befriedigende Arbeit. Man bekommt ein Gefühl für das Arbeitsmaterial und das Ergebnis ist oft besser als mit einem motorbetriebenen Werkzeug. Beim händischen Eindrehen spürt man, ob die Schraube fest genug sitzt, während sie mit der Maschine öfter zu fest angezogen wird.

Passend zur Schraube

Die Spitze des Schraubenziehers muss zum Kopf der Schraube passen (siehe Seite 24). Bei Schlitzschrauben achten Sie darauf, dass die Klinge des Schraubenziehers nicht zu dick für den Schlitz am Schraubenkopf ist. Sie darf auch nicht breiter als der Schraubenkopf sein, da sonst das Holz beschädigt wird.

Tipps und Tricks

BESSERE GLEITFÄHIGKEIT

Beim händischen Eindrehen von Schrauben in ein Werkstück aus Hartholz oder einem ähnlichen Material können Sie die Gleitfähigkeit verbessern, indem Sie Wachs oder Seife auf das Gewinde der Schraube aufbringen. Achten Sie jedoch darauf, dass weder Wachs noch Seife auf der Holzoberfläche verbleiben, da dadurch beim Finish (z. B. beim Beizen) Probleme auftreten können.

Hier wird Wachs auf das Schraubengewinde aufgetragen.

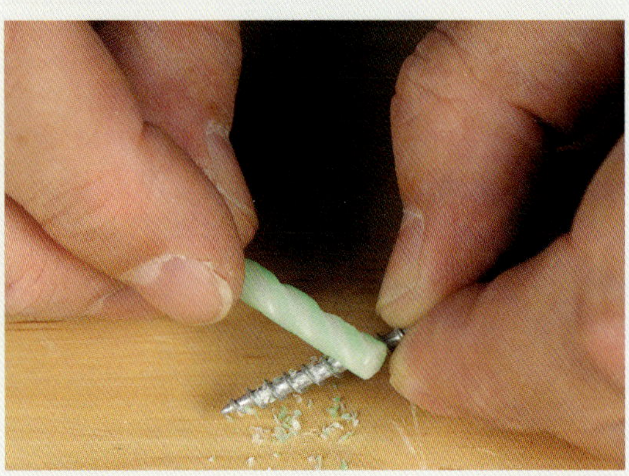

Bei Kreuzschlitzschrauben muss die Spitze des Schraubenziehers genau in den Kreuzschlitz im Schraubenkopf hineinpassen. Am gängigsten ist der Phillips-Schraubenkopf (siehe Seite 24), aber es gibt noch andere Varianten der Kreuzschlitzschraube, die alle ähnlich aussehen. Wenn Sie einen Kreuzschlitzschraubenzieher verwenden, dessen Spitze nicht zum Schraubenkopf passt, wird oft der Schraubenzieher oder der Schraubenkopf beschädigt.

Den Schraubenzieher halten

Die richtige Handhaltung ist wichtig; die Wahl des richtigen Schraubenziehergriffs trägt dazu bei. Finden Sie heraus, welcher Griff-Typ sich für Sie am bequemsten anfühlt und sich am besten halten lässt. Der Schaft muss sich in einer Linie mit Ihrem Arm befinden, sodass Sie eine gleichmäßige Drehbewegung erzeugen können.

Eine Schraube eindrehen

Die erste Phase des Eindrehvorgangs werden Sie üben müssen, um gute Ergebnisse zu erzielen. Platzieren Sie die Spitze der Schraube an der gewünschten Stelle und setzen Sie die Spitze des Schraubenziehers in den Schraubenkopf. Wenn Sie Schraube und Schraubenzieherspitze zwischen Finger und Daumen festhalten, geht es möglicherweise leichter. Drücken Sie leicht auf, damit die Spitze der Schraube ins Holz eindringt, und beginnen Sie den Schraubenzieher im Uhrzeigersinn zu drehen. Ganz wenig Druck genügt, da das Gewinde sich ins Holz bohrt und die Schraube hineinzieht. Nehmen Sie die Finger vom Schraubenkopf und halten Sie stattdessen den Schaft des Schraubenziehers, um ihn zu stabilisieren. Der Schraubenzieher muss sich in einer Linie mit der Schraube befinden, sodass die Spitze richtig im Schraubenkopf sitzt. Drehen Sie weiter, bis Sie die Schraube zur Gänze ins Holz gedreht haben.

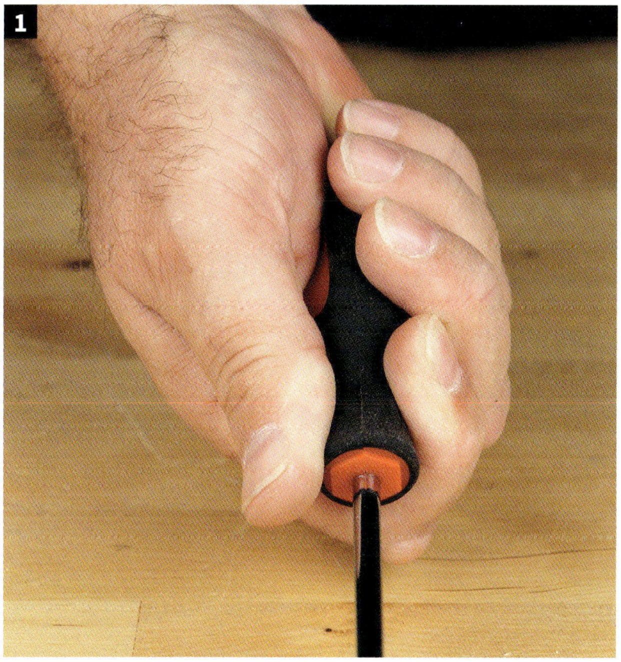

1

Vergewissern Sie sich, dass Sie den Griff gut und sicher in der Hand haben.

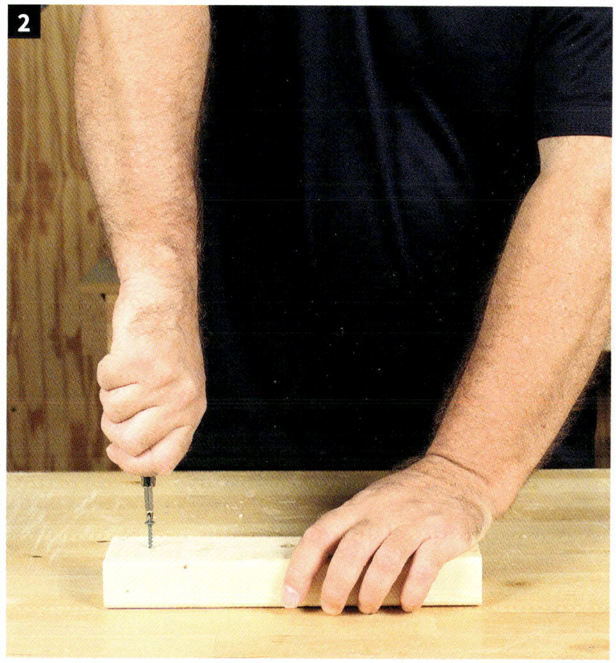

2

Ihr Arm soll sich auf einer Linie mit dem Schaft des Schraubenziehers befinden, um eine gleichmäßige Drehbewegung zu ermöglichen.

3

Anfänglich halten Sie die Schraube und die Spitze des Schraubenziehers mit den Fingern fest.

4

Dann nehmen Sie die Finger weg und drehen die Schraube weiter ins Holz.

So geht es leichter

Um das Schraubeneindrehen zu erleichtern, kann man ein Durchgangsloch und ein Pilotloch bohren. Das Durchgangsloch wird in das erste von zwei Holzstücken gebohrt, die Sie zusammenschrauben wollen. Legen Sie fest, wo die Schraube sitzen soll, und bohren Sie dann das Loch in den ersten Holzteil. Das Loch muss so groß sein wie der Außendurchmesser der Schraube, damit das Gewinde nicht steckenbleibt. Bohren Sie eine kleine Ansenkung für den Schraubenkopf (Foto Nr. 4).

Das Pilotloch wird in das zweite Holzstück gebohrt. Seine Größe entspricht der Größe des Schaftes der Schraube. Dadurch hat der Schaft (der „innere Teil“ der Schraube) genug Platz, das Gewinde schneidet jedoch ins Holz und gibt der Schraube festen Halt. Durch das Eindrehen der Schraube werden die beiden Holzteile fest zusammengezogen. Durchgangsloch und Pilotloch sorgen dafür, dass die Schraube gerade eingedreht wird; sie verhindern, dass sich das Holz spaltet und dass Holzabfälle zwischen den verschraubten Teilen landen.

1

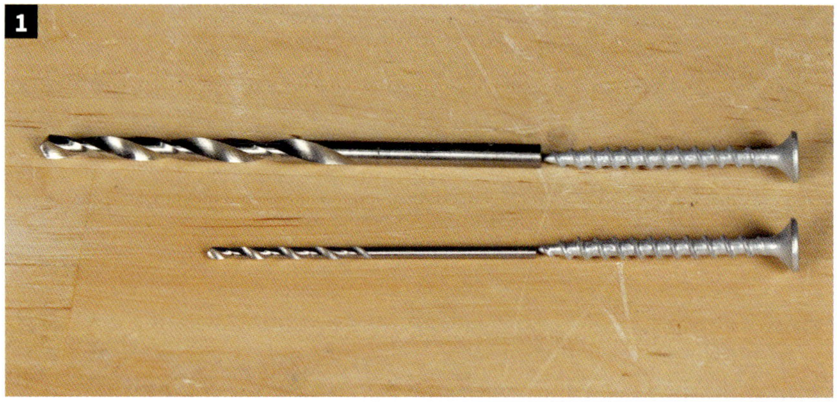

Solche Bohrer brauchen Sie für das Durchgangs- und das Pilotloch.

2

Bohren Sie in den ersten Holzteil ein Durchgangsloch, in das die Schraube hineinpasst.

3

Dann bohren Sie ein Pilotloch in den zweiten Holzteil.

Das fertig gebohrte Durchgangsloch mit Ansenkung und das Pilotloch.

Beim Zusammenschrauben werden die Holzteile fest zusammengezogen.

Tipps und Tricks

SCHRAUBENZIEHER PFLEGLICH BEHANDELN

Bei einem einfachen Werkzeug wie dem Schraubenzieher ist nicht viel Wartung erforderlich. Wenn Sie ihn pfleglich behandeln, hält er jedoch länger. Verwenden Sie den Schraubenzieher wirklich nur zum Schraubendrehen. Oft kommt man in Versuchung, ihn zum Öffnen von Farbdosen oder zum Verstreichen von Holzkitt und Ähnlichem zu verwenden. Auch als Schaber wird er immer wieder zweckentfremdet. Dadurch wird er jedoch mit allen möglichen Substanzen verklebt und kann sich auch verbiegen.

Achten Sie immer darauf, dass der Schlitzschraubenzieher zum Schraubenkopf passt. Wenn die Größe nicht übereinstimmt, kann die Klinge des Schraubenziehers beschädigt werden. Mit der Zeit kann sich die Klinge abnutzen, sodass der Schraubenzieher nicht mehr funktioniert. Zum Glück kann man die Klinge reparieren: Wenn man sie an das Schleifrad einer Tischschleifmaschine hält, wird sie wieder gerade. Überhitzen Sie die Klinge jedoch nicht, sonst wird die innere Struktur zerstört und das Metall wird weich.

Wenn Sie die Metallteile des Schraubenziehers leicht einölen, ist er vor Rost geschützt.

UMGANG MIT DEM HANDBOHRER

Handbohrer sieht man heutzutage immer seltener. Sie sind größtenteils durch Bohrmaschinen mit oder ohne Netzkabel ersetzt worden. Trotzdem ist ein Handbohrer eine nützliche Ergänzung Ihrer Ausrüstung. Sie müssen fest zupacken und ein bisschen üben, um das Gerät zu beherrschen. Dann werden Sie jedoch feststellen, dass das händische Bohren Spaß macht.

Die richtige Technik
Ein ordentlicher Bohrersatz ist sein Geld wert. Der Bohrer wird durch die Spannbacken des Bohrfutters am Ende des Handbohrers (siehe Seite 28) festgehalten. Das Bohrfutter lässt sich je nach Bohrergröße verstellen, sodass Sie Löcher in verschiedensten Größen bohren können. Drehen Sie den Futterkörper mit der Hand, bis sich die Spannbacken um den Bohrer schließen. Dann ziehen Sie die Spannbacken mit einem Spannschlüssel rund um den Bohrer an. Um den Bohrer wieder zu lösen, machen Sie es umgekehrt.

Um ein Loch für ein Dübelgelenk (Seite 66) oder ein Durchgangs- und ein Pilotloch für eine Schraube (Seite 48) zu bohren, setzen Sie den Bohrer an der gewünschten Stelle auf und beginnen Sie die Kurbel des Handbohrers im Uhrzeigersinn zu drehen. Dünnere Bohrer lassen sich leichter ins Holz eindrehen. Es kann daher hilfreich sein, wenn Sie zuerst ein kleines Loch bohren und sich über mehrere Bohrergrößen zu der gewünschten Größe „hinaufarbeiten". Halten Sie den Bohrer senkrecht, dann wird auch die Bohrung gerade.

Spannen Sie den Bohrer mit einem Spannschlüssel ins Bohrfutter ein.

Halten Sie den Handbohrer fest und achten Sie auf eine senkrechte Position. So entsteht eine präzise Bohrung.

Tipps und Tricks

PRÄZISES BOHREN

Wenn Sie ein Loch mit einer bestimmten Tiefe bohren wollen – z. B. für einen Dübel –, können Sie einen einfachen Trick anwenden: Kleben Sie ein Stück Klebeband um den Bohrer, und zwar in einem Abstand von der Bohrerspitze, der der Tiefe des gewünschten Bohrloches entspricht. Bohren Sie, bis das Klebeband die Holzoberfläche berührt. So erhalten Sie ein Loch in der richtigen Tiefe.

Kleben Sie ein Stück Klebeband um den Bohrer. Der Abstand des Klebebandes von der Bohrerspitze entspricht der Tiefe des gewünschten Bohrloches.

Bohren Sie, bis das Klebeband die Holzoberfläche berührt. Das Bohrloch hat nun genau die richtige Tiefe.

Motorbetriebene Geräte

In diesem Buch wollen wir Ihnen eigentlich keine motorbetriebenen Geräte vorstellen, da diese oft recht teuer sind. Außerdem macht es Freude, den Umgang mit Handwerkzeugen zu erlernen, und Sie erhalten dadurch auch ein besseres Verständnis für das „Funktionieren" des Werkstoffs Holz.

Es gibt jedoch vier motorbetriebene Geräte, die eine Ausnahme darstellen. Wenn sich Ihr Interesse am Arbeiten mit Holz gefestigt hat, ist die Anschaffung dieser Geräte als nächster Schritt sehr wohl zu empfehlen, da sie die Arbeit beschleunigen können. Gemeint sind eine Kreissäge, eine Stichsäge, eine Bohrmaschine und ein Schleifgerät. Auch der Umgang mit diesen Maschinen erfordert besondere Fertigkeiten. Das Grundwissen, das zum Arbeiten mit Handwerkzeugen notwendig ist, lässt sich jedoch größtenteils auch auf diese Geräte anwenden.

UMGANG MIT DEM STEMMEISEN

Eine Auswahl von Stemmeisen in Ihrer Werkzeugkiste ist auf jeden Fall von großem Nutzen. Stemmeisen sind vielseitig einsetzbar, beim Umgang mit diesem Werkzeug ist jedoch besondere Vorsicht geboten. Mit der scharfen Schneide können Sie einen hauchdünnen Holzspan kontrolliert „abhobeln".

Verschiedene Stemmeisen
Ein Stemmeisen mit geraden Kanten und eines mit Seitenfasen (siehe Seite 27) sind wohl am häufigsten in der Werkzeugkiste von Holzwerkern anzutreffen. Das Stemmeisen mit Seitenfasen macht sich ganz besonders bezahlt, denn durch die abgefasten seitlichen Kanten können Sie damit auch enge, schwer zugängliche Stellen erreichen. Diese Eisen sind in verschiedenen Breiten erhältlich. Am häufigsten werden Sie wohl das 19 mm breite Stemmeisen verwenden, das besonders vielseitig einsetzbar ist. Wenn Sie sich ein Stemmeisen von guter Qualität zulegen, es gut verstauen, sodass es nicht rostet und nicht beschädigt wird, und es bei Bedarf schärfen, wird es Ihnen ein Leben lang gute Dienste leisten.

Schneiden mit dem Stemmeisen
Beim Schneiden mit dem Stemmeisen achten Sie darauf, dass Sie den Griff fest und sicher halten und Ihre Finger nicht in die Nähe der Schneide kommen – das Eisen ist scharf und kann Sie schwer verletzen! Schneiden Sie immer mit der Faser: Bei einem Schnitt gegen die Faser kann sich das Eisen „eingraben" und das Holz spalten. Bei den meisten Schnitten zeigt die Fase nach oben, bei kraftvolleren Schnitten muss das Eisen mit der Fase nach unten gehalten werden.

Eine Ausnehmung schneiden
Das Schneiden einer Ausnehmung für eine Türangel (ein Scharnier) oder ein Schließblech ist eine einfache Aufgabe, bei der das Stemmeisen zeigt, was es kann. Bringen Sie zuerst eine Markierung am Holz an. Dazu platzieren Sie die Türangel (das Scharnier) oder das Schließblech genau in der gewünschten Position auf dem Holz und ziehen die Kontur rundherum mit einem spitzen Bleistift nach. Sie können statt dem Bleistift ein Messer zum Markieren nehmen – dann haben Sie zugleich eine Schnittkante, mit der Sie gut weiterarbeiten können.

Schraffieren Sie den Abfallbereich mit ein paar Bleistiftstrichen, damit klar ist, welcher Teil des Holzes weggeschnitten wird.

Hier sehen Sie einen kleinen Satz von Stemmeisen mit Seitenfasen. Um auf das Ende des Hefts zu klopfen, eignet sich ein hölzerner Klüpfel am besten. Um stumpfe Eisen zu schärfen, brauchen Sie einen Schärfstein.

Markieren Sie die Ausnehmung für das Scharnier mit einem Bleistift oder einem Messer: zuerst die Schmalseiten …

… dann die Längsseite …

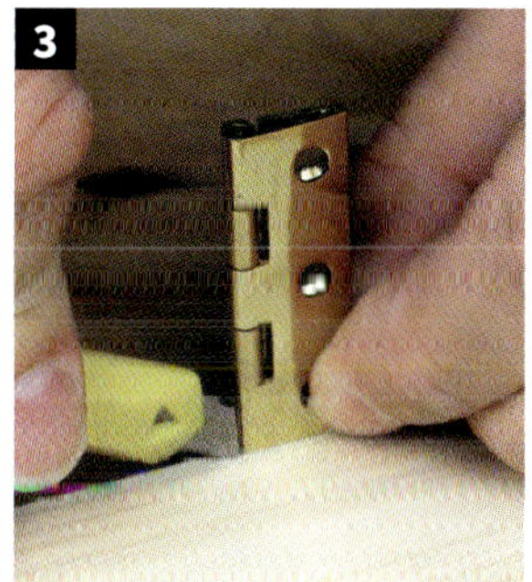

… dann die Stärke des Scharniers.

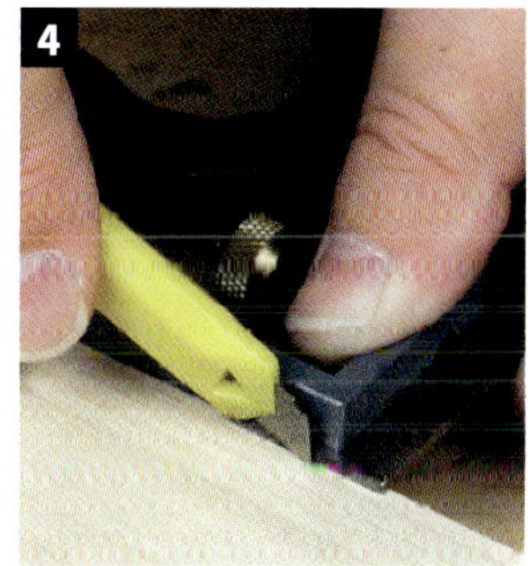

Verlängern Sie die Markierung mit dem Kombinationswinkel.

Schraffieren Sie den Abfallbereich mit dem Bleistift, damit klar ist, welcher Bereich weggeschnitten wird.

Setzen Sie das Stemmeisen auf der Markierung auf und klopfen Sie mit dem Klüpfel auf das Ende des Hefts, um die Markierungslinien zu vertiefen.

Schneiden Sie auf der ganzen Länge der Ausnehmung Holzsstückchen heraus.

Die Holzstückchen lassen sich leicht entfernen.

Setzen Sie das Stemmeisen auf die Markierungslinien und klopfen Sie mit einem Klüpfel auf das Ende des Hefts, um die Markierungslinien zu vertiefen und den Rand der Ausnehmung deutlich sichtbar zu machen. Schneiden Sie aber nicht zu tief! Dann setzen Sie das Stemmeisen fest in die Markierung an der langen vorderen Kante und beginnen, die Stückchen, die Sie gerade erzeugt haben, herauszuschälen. Wenn Sie die Stückchen entfernt haben, können Sie das restliche Holz mit dem Stemmeisen herausschneiden und eine exakte Ausnehmung mit glatten Wänden erzeugen.

Schneiden Sie quer zur Faser, um weiteres Holz wegzunehmen.

Nun halten Sie das Stemmeisen ganz fest und schälen Sie dünnere Späne heraus.

Um eine noch glattere Oberfläche zu erzeugen, halten Sie das Stemmeisen mit der Fase nach unten und „hobeln" Sie das Innere der Ausnehmung der Länge nach (in Faserrichtung) glatt, bis die Oberfläche makellos ist.

Überprüfen Sie, ob das Scharnier genau in die Ausnehmung passt, und schrauben Sie es fest.

Ein Stemmeisen schärfen

Wenn Sie die Schneide des Stemmeisens scharf halten, erzeugt sie schöne, glatte Schnitte. Sie haben das Eisen aber auch besser unter Kontrolle, da es leichter durch das Holz gleitet. Sie brauchen dazu einen Schärfstein; wenn Sie einen Ölstein verwenden, benötigen Sie auch Schleiföl. Geben Sie etwas Öl auf den Schärfstein. Platzieren Sie die flache Seite des Stemmeisens (den Spiegel) auf dem Stein und bewegen Sie sie ein paar Mal über die Oberfläche. Dann drehen Sie das Eisen um, legen Sie die Fase auf den Stein und bewegen Sie sie in einer Achterfigur über die Oberfläche. Während der gesamten Bewegung müssen Sie die Fase im gleichen Winkel halten, damit das Stemmeisen eine flache Schneide erhält. Sie sollten nur wenig Druck ausüben – die Arbeit wird durch das Hin- und Herbewegen auf dem Schärfstein erledigt. Beim Schärfen der Fase entsteht ein kleiner Grat; wenn dieser entfernt wird, ist die Schneide wieder scharf.

Zum Thema Schärftechnik ist viel geschrieben worden. Wir haben auf dieser Seite das gesamte Grundwissen zusammengefasst, das Sie brauchen, um die Schneide Ihrer Stemmeisen scharf zu halten.

Um die Schneide Ihrer Stemmeisen scharf zu halten, brauchen Sie einen Schärfstein. Wenn Sie einen Ölstein verwenden, benötigen Sie auch Schleiföl.

Platzieren Sie die Rückseite des Stemmeisens auf dem Schärfstein und reiben Sie sie hin und her, bis sie flach ist.

Schärfen Sie die abgefaste Schneide des Stemmeisens, indem Sie sie im abgebildeten Winkel gleichmäßig über die Oberfläche des Steins bewegen.

Tipps und Tricks

VERSCHIEDENE SCHÄRFSTEINE

Wie bei allen Schärfsystemen gibt es auch bei Schärfsteinen verschiedene Körnungen. Man erhält sogar Schärfsteine mit einer grob gekörnten und einer fein gekörnten Seite. Wenn das Eisen sehr stumpf ist, brauchen Sie zunächst einen Schärfstein mit grober Körnung, um die Schneide wiederherzustellen, und danach einen mit feiner Körnung, um sie wieder rasiermesserscharf zu machen. (Wahlweise könnten Sie auch einen Schleifbock zum Vorschärfen und einen feinen Abziehstein zum endgültigen Schärfen verwenden.)

UMGANG MIT DEM HANDHOBEL

Der Hobel ist im Grunde nichts anderes als eine breite, dünne, stemmeisenähnliche Klinge mit einem besonders praktischen „Griff“, die zum Glätten von Holz verwendet wird.

Handhobel gibt es in vielen Größen. Das Foto zeigt die beiden gängigsten.

Die Klinge (Hobeleisen) steht an der Unterseite des Hobels (Sohle) leicht hervor. Dadurch kann sie einen breiten, dünnen Span abnehmen.

Wird der Hobel nicht benutzt, sollte er auf der Seite liegen und nicht auf der Sohle abgestellt werden, damit das vorstehende Hobeleisen nicht beschädigt wird.

So funktioniert der Hobel

Am praktischsten sind der Schlichthobel und der Blockhobel (siehe Seite 31). Das Hobeleisen ist angewinkelt und steht an der Unterseite (Sohle) des Hobels leicht hervor. Wenn man den Hobel über die Holzoberfläche schiebt, nimmt die Schneide des Hobeleisens einen Span ab. Je weiter das Hobeleisen unter der Sohle vorsteht, desto stärker ist der Span, der dann durch eine Öffnung in der Unterseite des Hobels nach oben geführt wird. So lassen sich mit großer Präzision Späne abtragen. Je länger der Hobel, desto ebener wird die Holzoberfläche.

Tipps und Tricks

ALTE HOBEL KAUFEN

Auf Flohmärkten werden immer wieder alte Handhobel angeboten, die oft rostig sind. Lassen Sie sich davon nicht abschrecken – so ein älteres Stück ist meist aus besserem Material gefertigt als ein neuer Billig-Handhobel aus dem Baumarkt. Entfernen Sie den Rost mit feinem Schleifpapier und schärfen Sie das Hobeleisen. Wenn Sie dann den Hobel leicht einölen, sieht er wie neu aus.

Hobeltechnik

Sie erzielen ein viel besseres Ergebnis, wenn Sie den Hobel richtig halten und auch die richtige Körperhaltung einnehmen. Rechtshänder halten den Griff in der rechten, Linkshänder in der linken Hand. Die andere Hand hält den Knauf. So lässt sich der Hobel richtig steuern. Wenn Sie den Hobel nach vorne schieben und gleichzeitig Druck nach unten ausüben, entstehen feine, lange Hobelspäne. Wenn sich der Hobel nur schwer vorwärts schieben lässt, ist das Hobeleisen entweder zu steil eingestellt und schneidet zu tief oder es ist stumpf. In diesen Fällen stellen Sie das Hobeleisen richtig ein bzw. schärfen Sie es.

Oft wird der Hobel zum Brechen scharfer Kanten an einem Werkstück benutzt. Halten Sie den Hobel einfach in einem Winkel von 45° an die Ecke des Werkstücks und führen Sie ihn an der gesamten Länge der Kante entlang. Dadurch entsteht eine professionell wirkende kleine Fase. Das Schärfen eines Hobeleisens funktioniert ganz ähnlich wie das Schärfen eines Stemmeisens. Sie müssen nur das Hobeleisen aus dem Hobelkasten nehmen und es nach dem Schärfen (richtig) wieder anbringen.

Wenn Sie den Hobel richtig halten, entstehen feine Hobelspäne.

Mit einem kleinen Hobel können Sie die Kanten an hölzernen Werkstücken im Nu abfasen.

Das Abfasen ist eine schöne Arbeit, die Fase sieht edel und professionell aus.

UMGANG MIT KLEMMEN

Klemmen dienen zum Fixieren von Teilen, die miteinander verleimt werden, während der Leim trocknet. Das Thema „Klemmen" ist umfangreich, es gibt zahllose Arten. Die Autoren finden jedoch mit einigen einfachen, vielseitig einsetzbaren, leicht erhältlichen Klemmentypen das Auslangen. Die wichtigsten Grundregeln gelten gleichermaßen für alle Klemmen.

Das Werkstück schützen

Schraubzwingen (siehe Seite 34) werden für verschiedene Arten von Werkstücken eingesetzt. Jede Schraubzwinge hat ein Paar Klemmbacken, die sich um das zu fixierende Werkstück schließen. Die Klemmbacken üben einen äußerst starken Druck aus und sind oft härter als das hölzerne Werkstück. Damit die Holzoberfläche nicht von der Klemme beschädigt wird, müssen Sie sie schützen, indem Sie Weichholzstücke zwischen Werkstück und Klemmbacken platzieren. Es empfiehlt sich, immer eine Anzahl solcher Holzstücke bei der Hand zu haben; sie können wiederverwendet werden.

Ziehen Sie die Klemme nicht zu fest an. Wenn die beiden Teile sich nicht richtig zusammenklemmen lassen, gibt es dafür höchstwahrscheinlich einen Grund: Vielleicht wurde zu viel Leim aufgetragen oder die Holzverbindung wurde nicht richtig geschnitten.

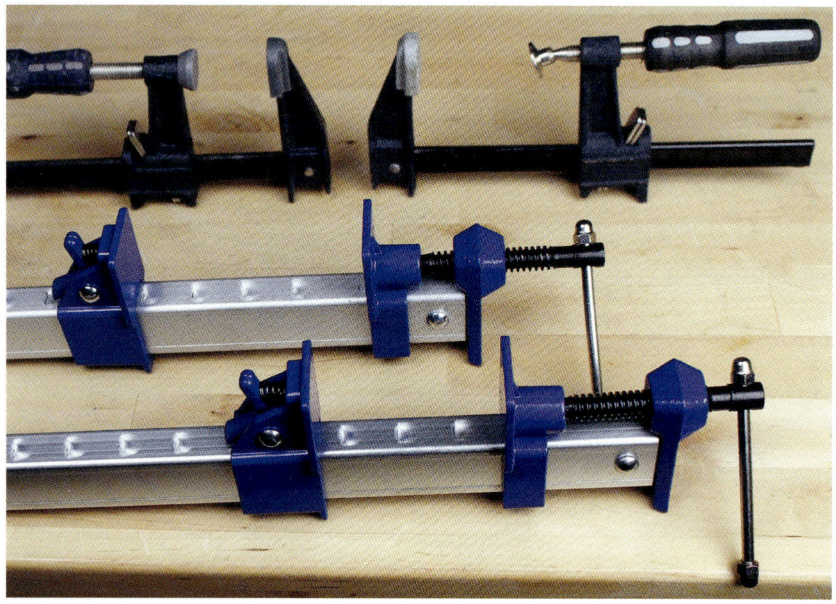

Zwei Arten von Schraubzwingen – preisgünstig, leicht erhältlich und vielseitig einsetzbar.

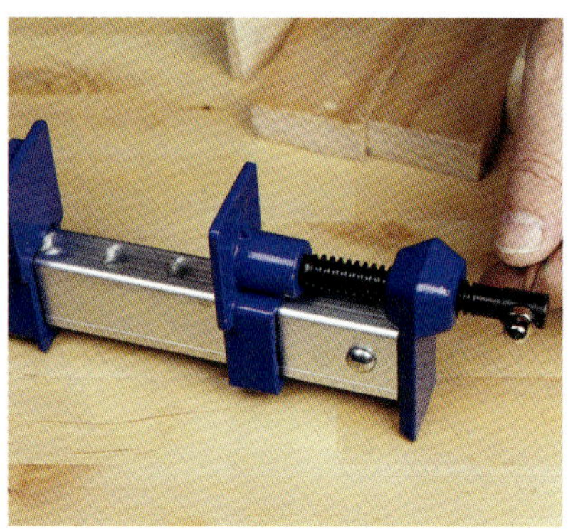

Mit dem Schnellentriegelungshebel lässt sich die Schraubzwinge leicht an verschiedene Längen anpassen und mithilfe des Gleitbügels wieder festziehen.

Schützen Sie die Oberfläche, indem Sie Weichholzstücke zwischen Werkstück und Klemmbacken platzieren.

Klemmen richtig anbringen

Bringen Sie die Klemmen so an, dass sie die Klebefuge gleichmäßig zusammendrücken. Wenn die Klemmbacken schräg zur Klebefuge stehen, ist der Druck ungleichmäßig und die Holzverbindung wird nicht richtig halten. Wenn Sie ein Projekt abgeschlossen haben, kontrollieren Sie unbedingt den Zustand der verwendeten Klemmen und reinigen Sie sie von etwaigen Leimresten, denn diese können die Funktion der Klemmen beeinträchtigen.

1 Achten Sie darauf, dass die Klemmen genau parallel angebracht sind, sonst hält die Holzverbindung nicht richtig.

2 Hier sind die Klemmen gerade ausgerichtet und üben gleichmäßigen Druck aus.

Tipps und Tricks

EIN SCHRAUBSTOCK ALS SPANNWERKZEUG

Falls Sie keine Werkbank mit fix montiertem Schraubstock haben, können Sie einen preisgünstigen Schraubstock kaufen und an Ihrer Werkbank befestigen. Der hier gezeigte Schraubstock hat große, flache Klemmbacken, die speziell für Holzarbeiten gedacht sind. Wenn Sie ein Werkstück in den Schraubstock einspannen, vergessen Sie trotzdem nicht, die Oberfläche mit Weichholzstücken vor Beschädigungen zu schützen.

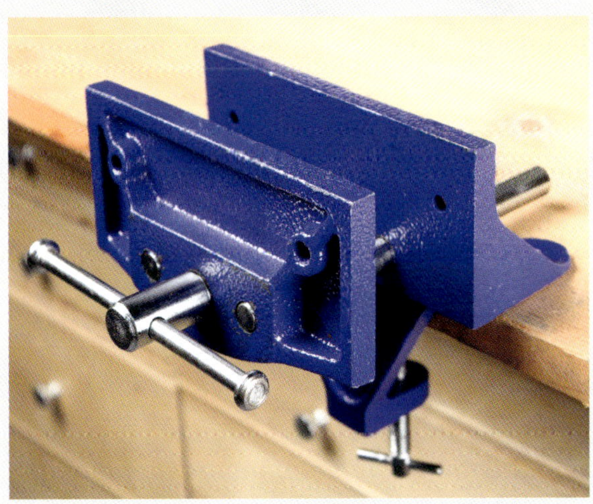

RICHTIG MESSEN UND MARKIEREN

Vor dem Sägen müssen Sie meist Messungen vornehmen und Markierungslinien anbringen. Genaues Messen ist äußerst wichtig. Wenn Sie ungenau messen, schneiden Sie auch falsch und das Holz landet vielleicht auf dem Restestapel.

Lineale mit metrischer und angloamerikanischer Skala

Stahllineal

Ein Stahllineal (siehe Seite 32) ist das erste Messwerkzeug, das Sie sich zulegen sollten. Es ist haltbarer als ein Kunststofflineal und die Messergebnisse sind leichter abzulesen. Ein Lineal mit metrischen und angloamerikanischen Maßen ist besonders praktisch. Das Stahllineal ist hart und besonders elastisch; auch wenn Sie mit einem Messer daran entlangschneiden, wird es nicht beschädigt. Sie können es sogar in leicht gebogenem Zustand auf ein Stück Holz stellen und die Kurve mit einem Bleistift nachziehen.

Die drei beliebtesten Messinstrumente: Stahllineal, Kombiwinkel und Maßband

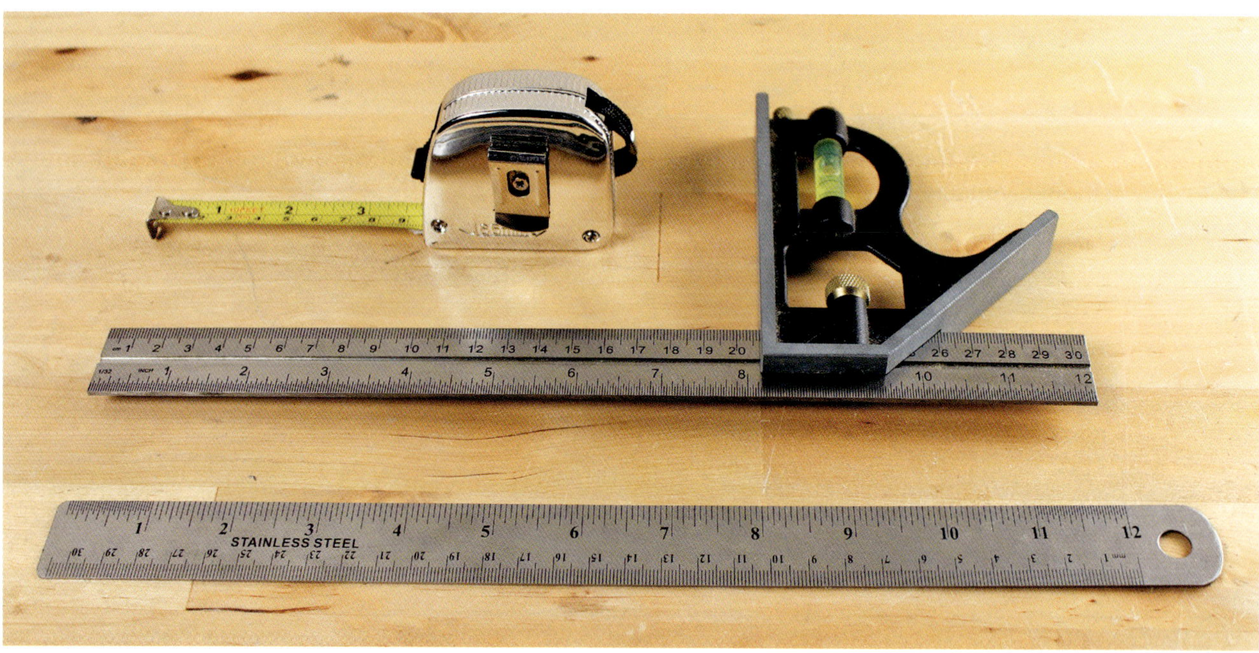

Maßband

Das Maßband (siehe Seite 33) rangiert auf der Beliebtheitsskala gleich hinter dem Stahllineal, wenn es um das Abmessen größerer Längen geht. Es gibt auch Maßbänder mit zwei oder mehreren Skalen. Ein automatisch einziehbares Maßband braucht kaum Platz und kann überallhin mitgenommen werden. Ein Maßband mit Feststeller kann man ein Stück aus dem Gehäuse ziehen und arretieren.

Das Band ist sehr dünn und die Messskala ist direkt darauf gedruckt, sodass es kaum zu falschen Messungen kommt. Sie brauchen also beim Markieren mit dem Bleistift nicht im rechten Winkel auf das Maßband schauen. Der rechtwinklige Haken am Ende des Maßbandes lässt sich exakt um die eigene Dicke hin- und herschieben: Wenn Sie den Abstand zu einem Gegenstand abmessen, wird der Haken auf das Maßband zugeschoben, und wenn Sie an einer Kante zu messen beginnen, lässt sich der Haken an der Kante anhängen und wird vom Maßband weggezogen. Dadurch werden in beiden Situationen genaue Messergebnisse garantiert. Mit der Zeit kann sich das Ende des Maßbandes jedoch abnutzen. Damit es nicht zu ungenauen Messergebnissen kommt, können Sie das Maßband von Zeit zu Zeit gegen ein Lineal halten und überprüfen, ob die Skalen übereinstimmen.

Der rechtwinklige Haken am Ende des Maßbandes lässt sich hin- und herschieben. Bei der Feststellung von Innenmaßen wird er nach innen geschoben.

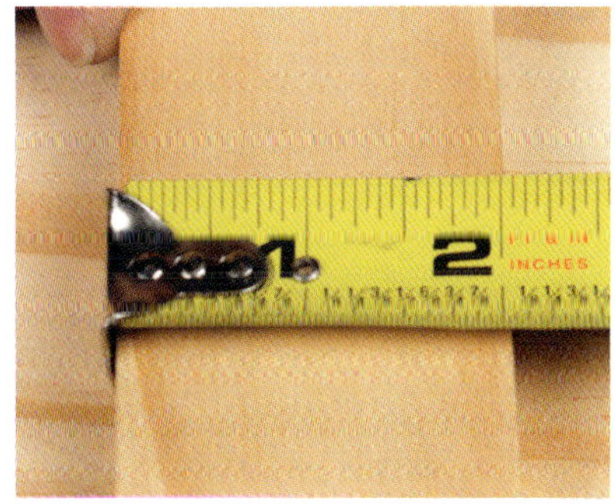

Bei der Feststellung von Außenmaßen wird der Haken nach außen gezogen.

Tipps und Tricks

EINGERITZTE MARKIERUNGSLINIE

Ein Tipp für das Sägen entlang einer Bleistiftlinie: Ziehen Sie die Linie mit einem scharfen Messer nach. Platzieren Sie die Säge so, dass der Sägeschlitz auf der Abfallseite der Markierungslinie entsteht. Da Sie die Holzfasern an der Oberfläche bereits mit dem Messer durchtrennt haben, werden sie nicht durch die groben Sägezähne zerrissen und die Kante wird sauberer.

1

Zum Markieren bzw. Anreißen kann man auch ein Messer nehmen.

2

Wenn Sie an der angerissenen Linie entlangsägen, entsteht eine saubere Kante.

Kombiwinkel
Oft muss man im rechten Winkel von der Kante eines Werkstücks messen und Markierungen anbringen. Das richtige Werkzeug dazu ist der Kombiwinkel (siehe Seite 32), der mehr Einsatzmöglichkeiten als ein Tischlerwinkel bietet. Das Lineal kann gegenüber der Kante des rechtwinkligen Anschlages verschoben werden – das erleichtert das Markieren von Abständen von der Kante des Werkstücks aus. Der 45°-Winkel ist zum Markieren von Gehrungen praktisch, und durch die eingebaute Wasserwaage kann der Winkel beim Messen und Markieren genau waagrecht gehalten werden.

Bevor Sie einen neuen Kombiwinkel in Gebrauch nehmen, überprüfen Sie, ob er wirklich rechtwinklig ist. Legen Sie seine rechtwinklige Kante an einer geraden Kante eines Holzstücks an und ziehen Sie am Lineal entlang eine Linie. Dann drehen Sie den Kombiwinkel, legen Sie das Lineal an der soeben gezogenen Linie an und ziehen Sie wieder eine Linie. Wenn die beiden Linien parallel sind, ist der Kombiwinkel rechtwinklig und kann bedenkenlos verwendet werden. Wenn die Linien nicht parallel sind, ist der Winkel verbogen und sollte nicht verwendet werden. Es empfiehlt sich, dies von Zeit zu Zeit zu überprüfen, da der Winkel sich verbiegen kann, z. B. wenn er einmal hinunterfällt.

Das Lineal des Kombiwinkels kann in verschiedenen Positionen am Anschlag arretiert werden. Die Position wird am Ende des Lineals markiert.

Um zu überprüfen, ob der Kombiwinkel wirklich rechtwinklig ist, ziehen Sie mit dem Lineal eine Linie.

Dann drehen Sie den Kombiwinkel und prüfen Sie, ob das Lineal sich an der Linie anlegen lässt.

Markieren mit dem Bleistift

Mit dem Bleistift können Sie unter anderem die richtige Stelle für ein Bohrloch markieren oder quer über ein Holzbrett eine Linie im rechten Winkel zu dessen Kante ziehen.

Wenn der Bleistift eine mittelharte Mine hat (HB), erhalten Sie eine dünne, aber gut sichtbare Linie. Der Stift muss gut gespitzt sein. Beim Markieren mit dem Lineal achten Sie darauf, dass Sie im rechten Winkel auf das Maßband schauen, damit Sie die Markierung wirklich bei der richtigen Maßzahl und nicht seitlich davon anbringen.

Wenn ein Schnitt oder eine Bohrung bei mehreren (identischen) Holzteilen an derselben Stelle platziert werden soll, empfiehlt es sich, die Teile mit Klemmen aneinander zu fixieren und dann eine Bleistiftmarkierung quer über alle Teile anzubringen (siehe unten, Abb. 5). So kann kein Messfehler passieren.

Oft ist die Markierungslinie ein Kreis oder ein Kreisbogen. Statt eines Kurvenlineals können Sie auch einen jener runden Gegenstände, die es in jedem Haushalt gibt (Untersetzer, Deckel), als Schablone verwenden. Vielleicht werden Sie eine Weile suchen müssen, bis Sie eine „Schablone“ in der richtigen Größe finden.

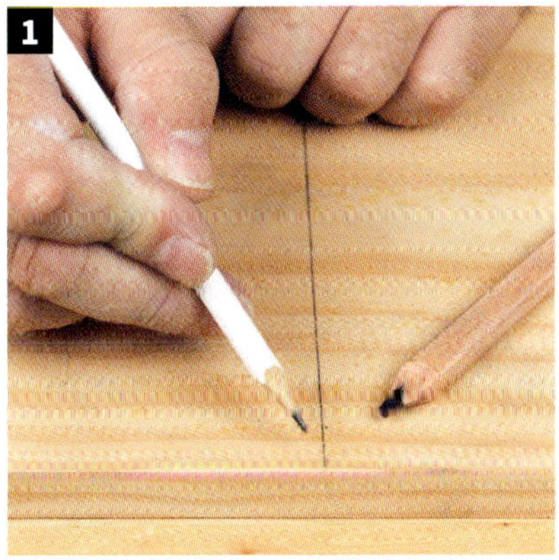

Wählen Sie einen Bleistift, der eine gut sichtbare Linie erzeugt. Auf dem Foto sehen Sie einen herkömmlichen Bleistift und einen Zimmermannsbleistift; beide sind geeignet.

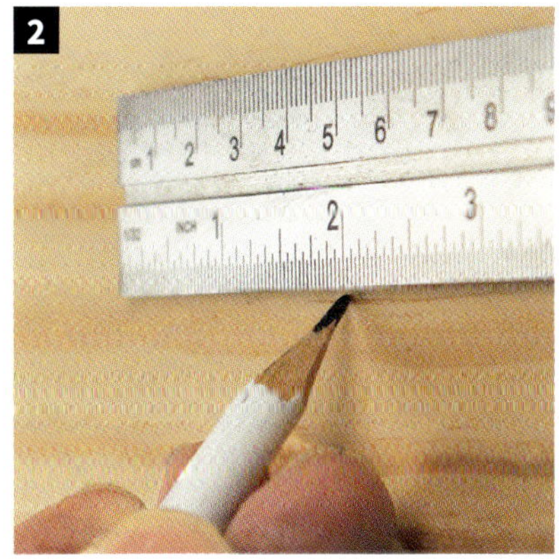

Durch die Dicke des Lineals ist Vorsicht geboten, wenn Sie von der Seite auf das Lineal schauen und eine Markierung anbringen.

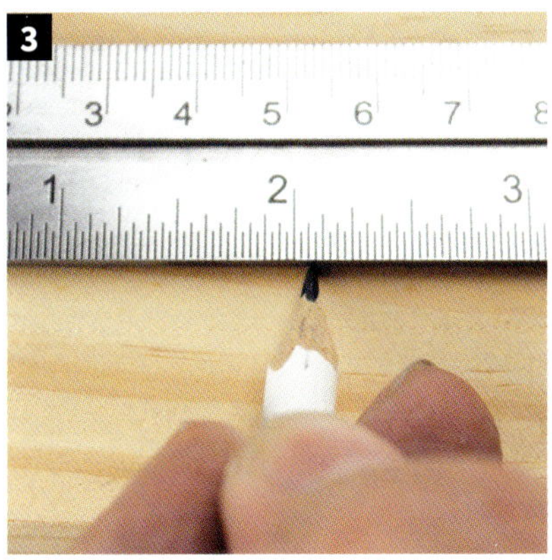

Der Blick von oben zeigt, dass die Markierung auf dem Werkstück nicht der gewünschten Maßzahl auf dem Lineal entspricht.

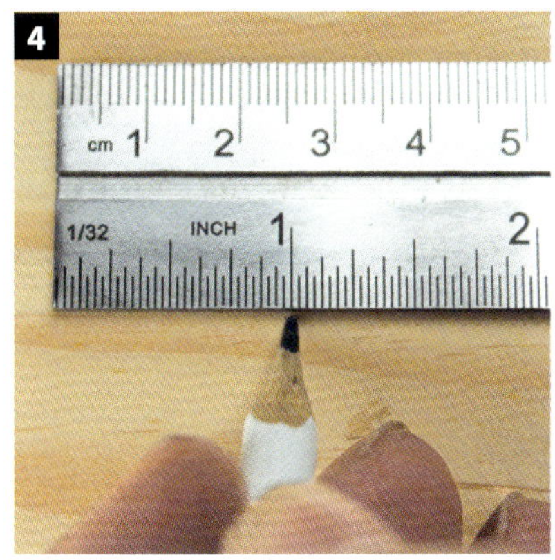

Um genau zu markieren, achten Sie darauf, dass Sie von oben in einem rechten Winkel auf das Lineal hinunterschauen.

So können Sie mehrere Werkstücke markieren, die mit einer Klemme aneinander fixiert sind.

Ein runder Deckel kann als Schablone für Kreislinien und Kreisbögen dienen.

LEIM AUFBRINGEN

Auch das Leimen ist eine Fertigkeit, die gelernt sein will. Leim wird meist eingesetzt, um eine Holzverbindung zu verstärken. Manchmal werden die Teile auch nur vom Leim zusammengehalten.

Verschiedene Arten von Leim
Bei den Projekten in diesem Buch wird nur der typische weiße oder gelbe PVA-Holzleim verwendet. Dieser bewährte, preisgünstige Leim ist für die meisten Holzarbeiten geeignet und wird im Baumarkt in verschieden großen Gebinden angeboten. Manche Flaschen haben eine runde, manche eine flache Spitze. Heutzutage sind sie meist selbstverschließend, was sich positiv auf die Haltbarkeit des Leims auswirkt.

Stumpf verleimen
Wenn zwei Holzteile ohne Holzverbindung (wie z. B. Nut und Feder) Kante an Kante zusammengeleimt werden, sollten die Teile auch dick genug sein, sodass genügend große Klebeflächen vorhanden sind. Nach dieser Methode können Sie z. B. mehrere Bretter zu einem größeren Format zusammenstückeln, wenn Sie kein passendes Brett zu kaufen bekommen.

Bringen Sie reichlich Leim in einer Wellenlinie auf der ganzen Länge einer Kante auf. Verteilen Sie den Leim, legen Sie die beiden Teile auf eine ebene Oberfläche, drücken Sie die Kanten (Klebeflächen) gegeneinander und verschieben Sie die Holzteile ein paarmal leicht vor und zurück. So wird der Leim gleichmäßig verteilt, und nach ein paar solchen Reibebewegungen werden die Klebeflächen gut zusammenhalten. Manchmal müssen sie gar nicht mit Klemmen fixiert werden. Man nennt das eine Reibeverbindung.

Mehrere Teile stumpf verleimen
Wenn mehrere Teile stumpf verleimt werden sollen, wird es etwas komplizierter. Legen Sie die Teile in der richtigen Anordnung auf einer ebenen Oberfläche (Werkbank) auf und vergewissern Sie sich, dass Sie genügend Schraubzwingen zur Hand haben. Tragen Sie den Leim so wie vorher in einer Wellenlinie auf einer Kante an jedem Teil auf. Dann drücken Sie alle zusammengehörigen Kanten so eng wie möglich zusammen. Sie können Papier unterlegen, um die Werkbank vor dem überschüssigen Leim zu schützen. Wenn die Gefahr besteht, dass sich die Teile an den Kanten auseinanderbiegen, können Sie Holzstücke unter die Schraubzwingen legen. Damit verhindern Sie, dass die Teile auseinanderspringen, wenn die Klemmen angezogen werden.

Sie müssen einerseits genug Leim aufbringen, um ihn auf der gesamten Klebefläche zu verteilen, es soll aber andererseits auch nicht zu viel Leim herausgedrückt werden. Zu viel Leim bedeutet eine Menge Arbeit beim Entfernen des Überschusses.

Viele Leimflaschen haben eine runde Spitze, mit der Sie in enge Bereiche hineinkommen. Mit einer flachen Spitze lässt sich der Leim besonders gut verteilen.

Bringen Sie den Leim in einer Wellenlinie auf.

Verteilen Sie den Leim mit einem geeigneten flachen Werkzeug.

Drücken Sie die Klebeflächen gegeneinander.

Reiben Sie die Teile mit einer Vor- und Zurückbewegung gegeneinander.

Nun kleben die Teile fest zusammen.

Hier werden mehrere Teile stumpf verleimt.

Fixieren Sie die Teile mit Klemmen. Aus den Fugen sollte etwas Leim austreten, jedoch nicht zu viel.

Geben Sie Leim in das Dübelloch.

Verteilen Sie den Leim mit einem Nagel gleichmäßig im Loch.

Bei einem Dübel mit Leimrillen kann der Leim nach oben „ausweichen“.

Geleimte Holzverbindungen

Eine Holzverbindung sorgt für die richtige Anordnung der Teile und übernimmt damit eine wichtige Aufgabe. Ohne Leim hält sie aber nur durch die Reibungskraft. Durch den Leim hält sie fest und sicher und geht nicht auseinander. Das richtige Aufbringen des Leims kann die Holzverbindung stärken und das Entfernen des Überschusses erleichtern.

Dübel einsetzen

Eine Dübelverbindung ist eine relativ einfache, allgemein gebräuchliche Holzverbindung. In die Holzteile werden Löcher gebohrt, in die dann die Dübel eingeführt werden. Für das Einbringen des Leims in die Dübellöcher gibt es einen Trick: Nehmen Sie eine Leimflasche mit einer feinen Spitze. Führen Sie die Spitze ungefähr bis zur halben Tiefe in das Dübelloch ein und drücken Sie etwas Leim in das Loch. Dann verteilen Sie den Leim mit einem Stäbchen oder einem Nagel gleichmäßig im Dübelloch. Wenn zu viel Leim im Loch ist, tauchen Sie einfach das Stäbchen (bzw. den Nagel) hinein und wischen Sie den Leim mit einem Lappen ab.

Da der flüssige Leim nicht komprimiert werden kann, sollte das Dübelloch etwas tiefer sein, als der Dübel lang ist. Dadurch hat der überschüssige Leim am Boden des Dübelloches Platz. (Wenn der überschüssige Leim, der durch den Dübel verdrängt wird, nirgendwohin „ausweichen“ kann, drückt er die Holzverbindung auseinander; unter dem zusätzlichen Druck der Klemmen kann das Holz sogar springen.) Klopfen Sie den Dübel in das Loch. Wenn es ein gekaufter Dübel für Holzverbindungen ist, ist er höchstwahrscheinlich mit Längsrillen (Leimrillen) versehen. Durch die Rillen kann der Leim nach oben rinnen und sich gleichmäßig verteilen. Wenn Sie Dübel ohne Rillen verwenden, können Sie sie der Länge nach mit der Säge etwas einschneiden; der Spalt erfüllt denselben Zweck wie die Leimrillen.

Um die verdübelten Teile fest zusammenzudrücken, fixieren Sie die Anordnung mit Klemmen, bis der Leim getrocknet ist.

Tipps und Tricks

LEIMRESTE AN HOLZVERBINDUNGEN

Beim Verleimen von Holzverbindungen (z. B. Schlitz- und Zapfenverbindungen) wird Ihnen wahrscheinlich der überschüssige Leim auffallen, der aus der Fuge hervorquillt. Wenn Sie die richtige Menge aufgetragen haben, wird nur wenig Leim austreten. Warten Sie, bis der ausgetretene Leim fast trocken ist, und entfernen Sie ihn mit einem Stemmeisen.

Wenn Sie die richtige Menge aufgetragen haben, tritt auch nur wenig Leim aus.

Wenn der Leim fast trocken ist, schneiden Sie den Leimrest zunächst von einer Seite weg.

Dann schneiden Sie den Leimrest auch von der anderen Seite sauber weg.

RICHTIG SCHLEIFEN

Eine glatt geschliffene Holzoberfläche bringt das fertige Werkstück erst richtig zur Geltung. Es ist verlockend, ein motorbetriebenes Schleifgerät zu verwenden, vor allem, wenn viel Schleifarbeit zu erledigen ist. Zuvor sollten Sie sich jedoch Kenntnisse und Fertigkeiten im händischen Schleifen mit Schleifpapier erwerben.

Verschiedene Körnungen

Schleifpapier ist in verschiedenen Körnungen erhältlich. Die Körnung gibt Aufschluss darüber, wie grob die Schleifpartikel sind, mit denen die Oberfläche des Schleifpapiers überzogen ist. Je gröber die Schleifpartikel, desto aggressiver ist das Schleifpapier. Grobes Schleifpapier ist rau und trägt das Material schnell ab, feines Schleifpapier ist glatter und trägt das Material langsam ab.

Schleifen mit grobem Schleifpapier

Auf dem Holz, das man im Handel zu kaufen bekommt, sind oft flache, bogenförmige Spuren von der Messerwelle der Hobelmaschine im Sägewerk sowie allerlei Transportspuren zu sehen. Am besten schleifen Sie diese Unebenheiten rasch mit grobem Schleifpapier (Körnung 80) ab. Vorsicht: Bei dieser groben Körnung müssen Sie darauf achten, nicht zu viel abzuschleifen.

Nehmen Sie dazu einen flachen Holzklotz, der Ihnen gut in der Hand liegt, aber möglichst groß sein soll. Schleifen Sie die Ecken des Klotzes ab und umwickeln Sie ihn mit einem Stück Schleifpapier, das Sie mit Nägeln befestigen oder einfach mit der Hand festhalten können. Sie können auch vorgefertigte Schleifklötze kaufen, an denen das Schleifpapier mit Klemmen festgehalten wird – ein selbst gemachter Schleifklotz genügt jedoch.

Reiben Sie mit dem schleifpapierumwickelten Klotz über die Holzoberfläche – immer in Faserrichtung, denn beim Schleifen quer zur Faser zerreißt das Schleifpapier die Holzfasern und hinterlässt unschöne Kratzer. Diese sind sehr schwer zu entfernen und fallen stark auf; vor allem, wenn Sie das Holz später beizen, sehen die Kratzspuren dunkler aus als die übrige Holzoberfläche. Schleifen quer zur Faser ist nur bei Hirnholzflächen erlaubt, bei denen diese Spuren nicht so stark auffallen.

Fein, feiner ...

Wenn Sie alle Unebenheiten abgeschliffen haben, können Sie zu feinerem Schleifpapier übergehen. Um eine ideale Oberfläche zum Beizen und anschließenden Ölen oder Lackieren zu erzeugen, arbeiten Sie auf 180 als abschließende Körnung hin. Dazu schleifen Sie nacheinander mit den Körnungen 80, 100, 120, 150 und 180, wobei 80 die gröbste und 180 die feinste Körnung ist. Das ist zwar etwas zeitaufwendig, das Ergebnis ist jedoch die Mühe wert.

Schleifpapier gibt es in verschiedenen Körnungen. Welche Körnung Sie wählen, hängt davon ab, wie schnell der Materialabtrag und wie glatt die Oberfläche sein soll.

Spuren von der Hobelwelle müssen abgeschliffen werden.

Um eine glatte Oberfläche zu schleifen, wickeln Sie einen Holzklotz in einer handlichen Größe mit Schleifpapier ein.

Ein schönes Finish entsteht, wenn Sie in Faserrichtung schleifen.

Bei Hirnholzflächen darf ausnahmsweise quer zur Faser geschliffen werden.

Gehen Sie zu immer feineren Körnungen über, bis Sie die feinste Körnung erreicht haben, mit der Sie schleifen wollen.

Tipps und Tricks

SCHLEIFPAPIER FALTEN

Zum schnellen Abschleifen von scharfen Kanten, für Rundungen oder schwer zugängliche Bereiche falten Sie Schleifpapier zu einer handlichen Größe zusammen, sodass Sie es in der Hand halten und damit über die Kante reiben können. Mit einem zur Hälfte gefalteten Stück Schleifpapier arbeiten Sie effizienter: Wenn die Schleifpapieroberfläche abgenützt und mit Schleifstaub verklebt ist, falten Sie das Papier neu, sodass eine unbenutzte Oberfläche zum Vorschein kommt.

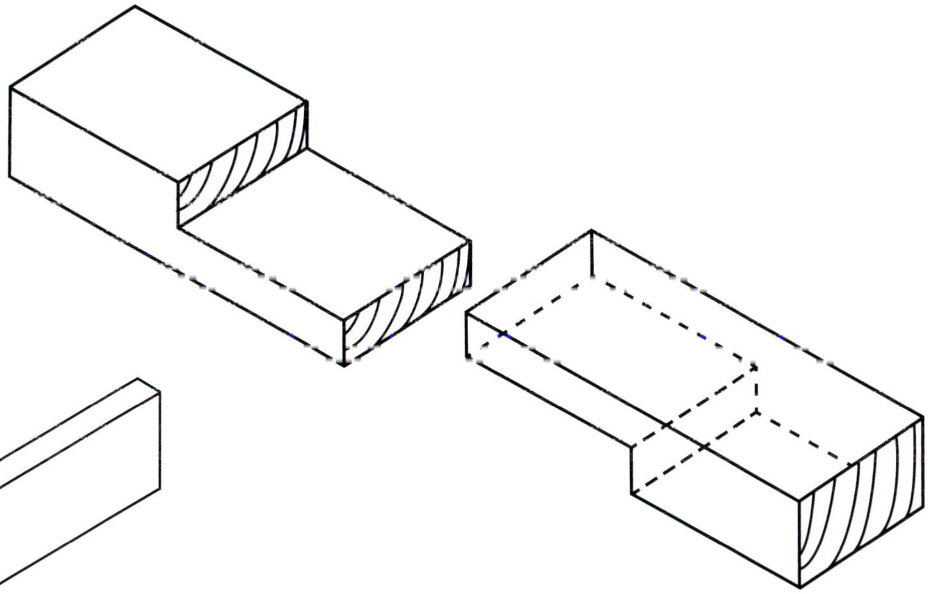

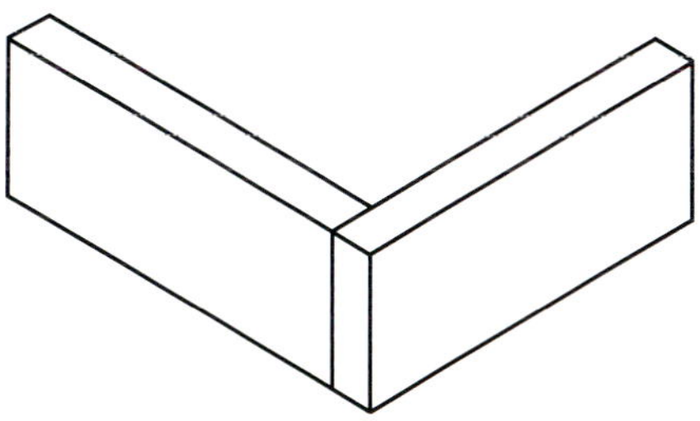

HOLZVERBINDUNGEN

Holzteile werden von Holzverbindungen zusammengehalten. Manche Holzverbindungen sind einfach, andere kompliziert. Sie alle stellen für den Handwerker eine Herausforderung dar. Die Wahl der Holzverbindung hängt von der Art des Projekts ab. Wir stellen Ihnen hier einige funktionelle Holzverbindungen vor, die auch für Einsteiger leicht zu bewältigen sind.

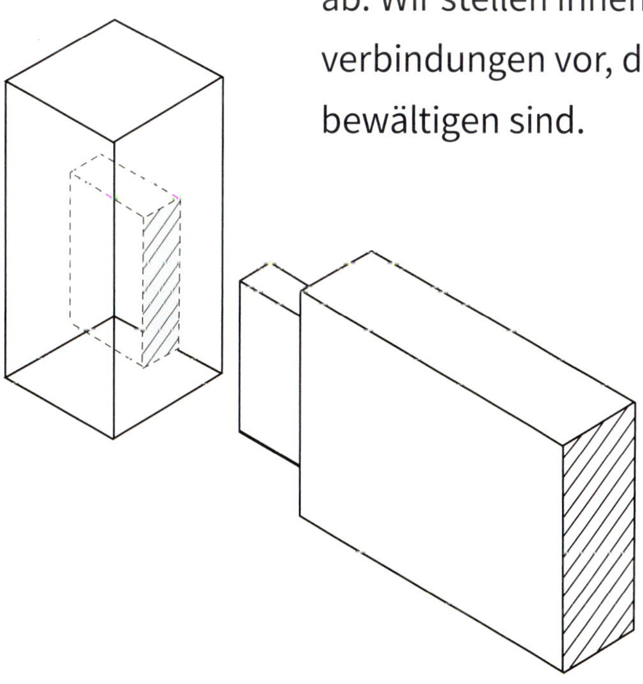

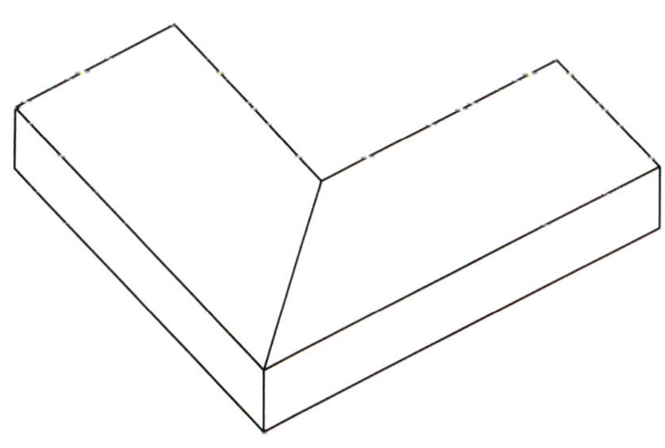

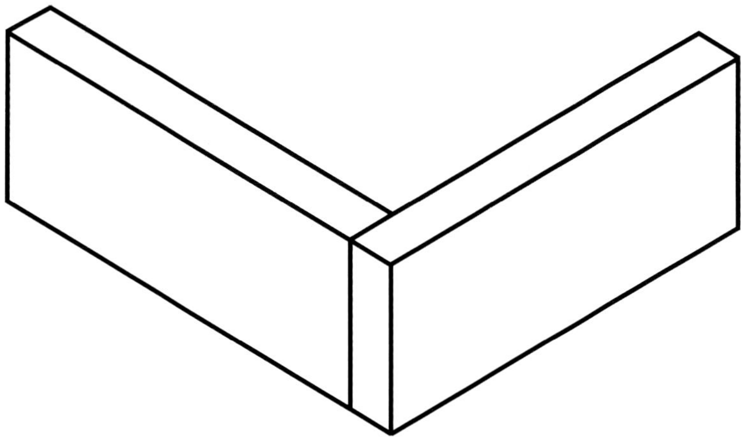

STOSSVERBINDUNG

Bei der Stoßverbindung stoßen zwei Holzteile in einem Winkel von 90° aneinander. Da die Teile nicht ineinandergreifen, werden sie nur durch den Leim sowie durch Nägel oder Schrauben zusammengehalten. Trotzdem kann die Stoßverbindung festen Halt bieten. Sie eignet sich für Gebrauchsgegenstände, wie z. B. eine Werkzeugkiste. Auch bei dieser einfachen Holzverbindung ist exaktes Messen und Sägen erforderlich.

Markieren, sägen, zusammenfügen

Die Holzteile müssen zunächst auf die richtige Länge zugeschnitten werden. Wenn Sie eine Kiste bauen, müssen Sie zuerst jene beiden Bretter bestimmen, die von innen an die beiden anderen Bretter anstoßen sollen. Sie müssen sie daher um die doppelte Stärke der Bretter kürzer zuschneiden, damit die fertige Kiste die richtige Größe erhält. Dabei können Sie gleich das genaue Sägen üben, denn die Schnitte müssen in beide Richtungen genau gleichwinklig sein, sonst hält die Stoßverbindung nicht!

Ziehen Sie zuerst eine Linie quer über das Brett und über die Kanten. Dann halten Sie das Werkstück gut fest und sägen Sie das Ende ab. Lassen Sie dabei die Säge die Arbeit machen, dann entsteht ein präziser Schnitt, der zu einem exakt rechtwinkligen Werkstück führt.

Legen Sie eines der längeren Bretter am Ende eines der kürzeren an. Wenn Sie wollen, können Sie die Bretter verleimen. Dann schlagen Sie Nägel in die Enden ein. Als Abstand zwischen den Nägeln können Sie etwa 75 mm wählen; schlagen Sie jedoch so viele Nägel ein, wie Sie für notwendig halten. Wenn Sie Nägel mit normalgroßen Senkköpfen verwenden, schlagen Sie sie sorgfältig so tief ein, dass die Oberseiten der Nagelköpfe bündig mit der Holzoberfläche abschließen, ohne dass der Hammer Abdrücke auf dem Holz hinterlässt. Wenn Sie mit Stauchkopfnägeln arbeiten, treiben Sie sie mit einem Versenker unter die Holzoberfläche und füllen Sie etwaige Vertiefungen mit Holzkitt.

Die Enden der Holzteile müssen rechtwinklig abgesägt werden. Ziehen Sie eine Bleistiftlinie quer über die Oberseite des Holzteils.

Nun verlängern Sie die Linie über die Kantenflächen.

Halten Sie das Holz fest und setzen Sie die Säge genau auf die Bleistiftlinie. Sägen Sie das Holzstück sorgfältig zur Gänze durch.

Setzen Sie die Holzteile in einem Winkel von 90° zusammen, sodass die Kanten bündig miteinander abschließen. Verleimen Sie sie, wenn nötig, dann schlagen Sie Nägel durch den einen Teil in die Hirnholzfläche des anderen Teiles.

Wenn Sie Stauchkopfnägel verwenden, treiben Sie die Nagelköpfe ein Stück unter die Holzoberfläche.

Nun müssen Sie nur noch die entstandenen Vertiefungen auffüllen. Die Stoßverbindung ist fertig.

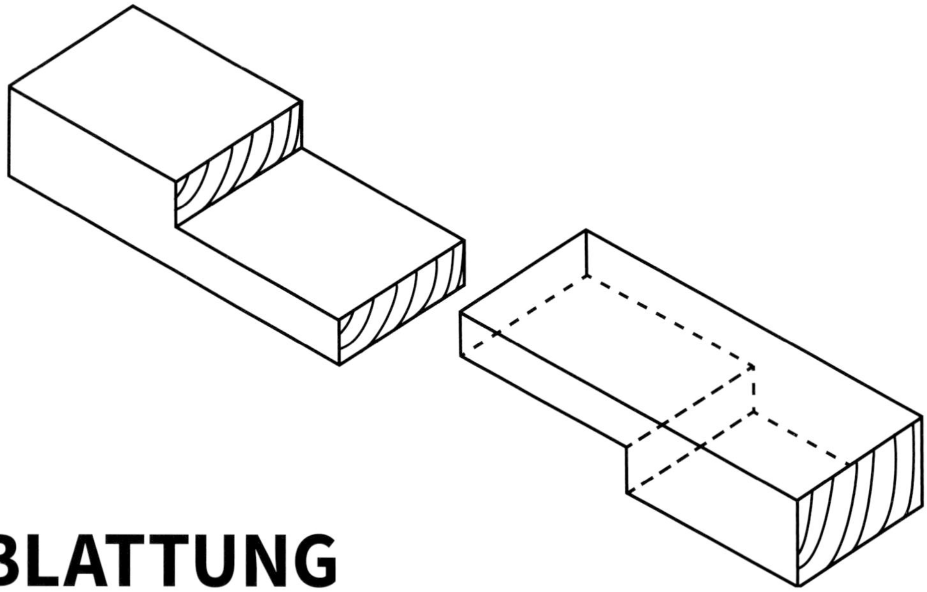

ÜBERBLATTUNG

Auch an dieser einfachen Holzverbindung können Einsteiger das exakte Markieren und Sägen üben. Sie ist vielseitig einsetzbar, auch wenn sie den Autoren meist nur bei den Rahmen von Schranktüren begegnet. Auch eine geleimte Überblattung ist robust, man kann sie jedoch mit Nägeln, Schrauben oder Dübeln noch zusätzlich verstärken.

Von der Überblattung gibt es einige Varianten – Kreuzüberblattung, T-Überblattung und Ecküberblattung –, die an verschiedenen Stellen des Schranktürrahmens benötigt werden. Außer bei der Kreuzüberblattung ist die Sägearbeit praktisch die gleiche. Das Wichtigste ist, dass Sie immer genau markieren und schneiden und sich genügend Zeit lassen. Im Folgenden führen wir Ihnen die verschiedenen Varianten an denselben Holzteilen vor. Bei Ihren zukünftigen Projekten werden Sie sie jedoch dort einfügen, wo sie gebraucht werden.

Messen und Markieren

Als ersten Arbeitsschritt markieren Sie dort, wo sich die Hölzer treffen sollen, die Breite der Holzverbindung auf der Oberseite der zusammengehörigen Teile. Nehmen Sie einen spitzen Bleistift, damit feine Markierungslinien entstehen. Bei der T-Überblattung achten Sie darauf, dass am Ende etwas Platz frei bleibt. Dieses lange Ende wird nach dem Verleimen abgeschliffen und sorgt für genügend Spielraum. Verlängern Sie die Markierungslinie mit dem Winkel über die ganze Breite des Holzteils und über die Kantenflächen.

Ermitteln Sie mit dem Lineal des Kombiwinkels den Halbierungspunkt der Dicke des Holzteils: Messen Sie zuerst, dann legen Sie das Ende des Lineals an der Linie an und markieren Sie den Mittelpunkt von beiden Seiten, um ein genaues Ergebnis zu erhalten. Nun markieren Sie die Begrenzungslinien der Überblattung auf allen Holzteilen. Es empfiehlt sich, die Bereiche, die weggeschnitten werden, mit Schraffierungen kenntlich zu machen. Dadurch wissen Sie, wo Sie schneiden müssen, und haben auch eine bessere optische Vorstellung von der fertigen Überblattung.

Ziehen Sie die Markierungslinien auf der Oberseite und den Kantenflächen mit Messer und Winkel nach. Dadurch erhalten Sie beim Sägen eine scharfe Kante. Damit Sie die Säge knapp an der Linie platzieren können, schneiden Sie mit einem Stemmeisen im Abfallbereich eine v-förmigen Rille an die Markierungslinie heran. Setzen Sie dazu das scharfe Stemmeisen – ein Stück von der Linie entfernt – auf der Abfallseite auf und drücken Sie es vorsichtig schräg ins Holz. Nicht zu fest, sonst schneiden Sie über die Linie hinaus und verderben das Werkstück! Schneiden Sie bei allen Überblattungen eine solche v-förmige Rille auf der Abfallseite. Nun können Sie die Überblattungen zu schneiden beginnen.

Markieren Sie mit einem spitzen Bleistift die Breite des einen Teiles auf der Oberseite des dazugehörigen Teiles. Bei einer T-Überblattung lassen Sie etwas Überlänge stehen, die nach dem Verleimen abgeschliffen wird.

Bringen Sie die Markierung für die Kreuzüberblattung mittig auf dem unteren Stück an.

Verlängern Sie die Linien quer über die Holzoberfläche.

Wiederholen Sie dies bei allen Teilen.

Verlängern Sie die Linie von der Oberseite auf die Kantenflächen.

Messen und markieren Sie auf der Kantenfläche den Halbierungspunkt der Dicke des Teiles.

Um sicherzugehen, dass Sie den Halbierungspunkt richtig markiert haben, legen Sie das Lineal des Kombiwinkels mit dem Ende an der Linie an und …

… überprüfen Sie die Markierungen erst von der einen und dann von der anderen Seite. Wenn die Messung stimmt, markieren Sie die Mittellinie an allen Teilen.

Verlängern Sie mit dem Kombiwinkel die seitlichen Begrenzungslinien bis zu den Mittellinien.

Schraffieren Sie die Bereiche, die weggeschnitten werden sollen, deutlich mit diagonalen Linien.

Ziehen Sie die Markierungslinien mit einem Messer nach, damit beim Sägen eine saubere Kante entsteht.

Schneiden Sie mit einem scharfen Stemmeisen sorgfältig eine v-förmige Rille auf der Abfallseite …

… neben der Markierungslinie, und zwar an allen Teilen, sodass die Säge an der Linie entlangschneidet.

Die Überblattung schneiden

Fixieren Sie das Holz in einem Schraubstock und platzieren Sie das Sägeblatt einer fein gezahnten Säge in der v-förmigen Rille an der Markierungslinie. Ein routinierter Handwerker nimmt dazu eine Zinkensäge, aber auch mit einer Säge ohne verstärkten Rücken kann man gute Ergebnisse erzielen. Sägen Sie jedoch mit behutsamen Bewegungen, damit das Sägeblatt sich nicht verklemmt oder verbiegt.

Beginnen Sie mit der gewohnten Vorwärtsbewegung zu sägen. Sägen Sie mit dem gesamten Sägeblatt in langen Bewegungen, um einen gleichmäßigen, geraden Schnitt zu erreichen. Lassen Sie sich nicht dazu verleiten, Druck auf das Sägeblatt auszuüben; lassen Sie die Sägezähne „von selbst" durch das Holz schneiden. Achten Sie darauf, dass Sie nur bis zum markierten Mittelpunkt schneiden; sehen Sie sich die von Ihnen abgewandte Seite des Werkstücks an und überprüfen Sie, ob Sie auf beiden Seiten bis zur richtigen Tiefe geschnitten haben. Sägen Sie an allen Teilen an den Begrenzungslinien entlang. Dann machen Sie bei den Kreuzüberblattungen in kurzen Abständen ein paar Einschnitte (die Anzahl ist nicht wesentlich) bis zur markierten Tiefe. Der Grund dafür wird Ihnen klar werden, wenn die ganze Sägearbeit erledigt ist.

Tipps und Tricks

ÜBERBLATTUNGEN EINSETZEN

Auf beiden Seiten dieser einfachen Holzverbindung ist Hirnholz zu sehen. Wenn dies nicht zur gewünschten Optik passt, ist eine Überblattung nicht zu empfehlen. Sie kann etwa bei der Tür eines Werkzeugkastens, bei den Beingestellen einer Holzbank oder beim Innenrahmen diverser Möbelstücke zum Einsatz kommen.

Platzieren Sie das Sägeblatt einer fein gezahnten Säge in der v-förmigen Rille, bewegen Sie die Säge kraftvoll nach vorne und sägen Sie auf beiden Seiten des Holzteiles bis zum markierten Halbierungspunkt.

Sägen Sie an allen Teilen an den Begrenzungslinien entlang.

Machen Sie an den Kreuzüberblattungen wie abgebildet mehrere Einschnitte. Der Grund dafür wird später erklärt.

Nun kommen die Eck- und T-Überblattungen dran. Da sie sich an den Enden der Teile befinden, können Sie sie mit der Säge schneiden. Spannen Sie das eine Ende des Holzteiles in einen Schraubstock ein und sägen Sie am anderen Ende in Faserrichtung auf der Abfallseite der Mittellinie, bis Sie den zuvor gemachten Schnitt erreichen und der Abfallbereich herausfällt. Wiederholen Sie diesen Schritt bei allen Eck- und T-Überblattungen. Dann bearbeiten Sie die Kreuzüberblattungen mit dem scharfen Stemmeisen. Die kurzen Holzstücke zwischen den vorher gemachten Einschnitten lassen sich leicht herausstemmen, da das Holz sich leicht entlang der Fasern spalten lässt. Wenn Sie die Holzstücke entfernt haben, stemmen Sie die Ausnehmung mit dem Stemmeisen sauber aus.

„Hobeln" Sie das Abfallholz vorsichtig heraus und glätten Sie den Boden der Ausnehmung. Überprüfen Sie auch die Breite und nehmen Sie nötigenfalls Holz an den Enden weg, damit die Teile exakt zusammenpassen – nehmen Sie aber nicht zu viel weg. Überprüfen Sie die Passgenauigkeit der Teile immer wieder; falls sie nicht zusammenpassen, nehmen Sie vorsichtig weiteres Holz weg, bis die Teile sich perfekt zusammenfügen lassen. Je besser die Teile zusammenpassen, desto stärker ist die Holzverbindung – die Zeit, die Sie hier investieren, ist nicht verloren.

Wenn alle Teile fertig gesägt sind, können Sie die Holzverbindungen zusammenfügen. Kreuzüberblattung, T-Überblattung und Ecküberblattung sind fertig.

Fixieren Sie den Teil aufrecht im Schraubstock und platzieren Sie das Sägeblatt auf der Abfallseite der Markierungslinie.

Beginnen Sie behutsam zu sägen und bleiben Sie auf der Linie. Üben Sie keinen Druck aus und lassen Sie die Sägezähne die Arbeit machen. Sägen Sie weiter …

… bis Sie den zuvor gemachten Schnitt erreichen und der Abfallbereich herausfällt.

Die rauen Flächen lassen sich mit dem Stemmeisen glätten.

Stemmen Sie mit Stemmeisen und Klüpfel die kurzen Holzstücke aus der Ausnehmung heraus.

22

„Hobeln“ Sie mit dem Stemmeisen das Innere der Ausnehmung der Kreuzüberblattung glatt.

23

Überprüfen Sie, ob die Teile zusammenpassen. Wahrscheinlich müssen Sie das Stemmeisen noch einige Male zur Hand nehmen.

24

Wenn die Ausnehmung zu klein ist, nehmen Sie an den Enden mit dem Stemmeisen Holz weg – aber nicht zu viel!

25

Überprüfen Sie noch einmal die Passgenauigkeit. Am Boden der Ausnehmung muss noch mehr Holz weggenommen werden.

26

Hier sehen Sie die drei Varianten: Kreuzüberblattung …

27

… T-Überblattung …

28

… und Ecküberblattung.

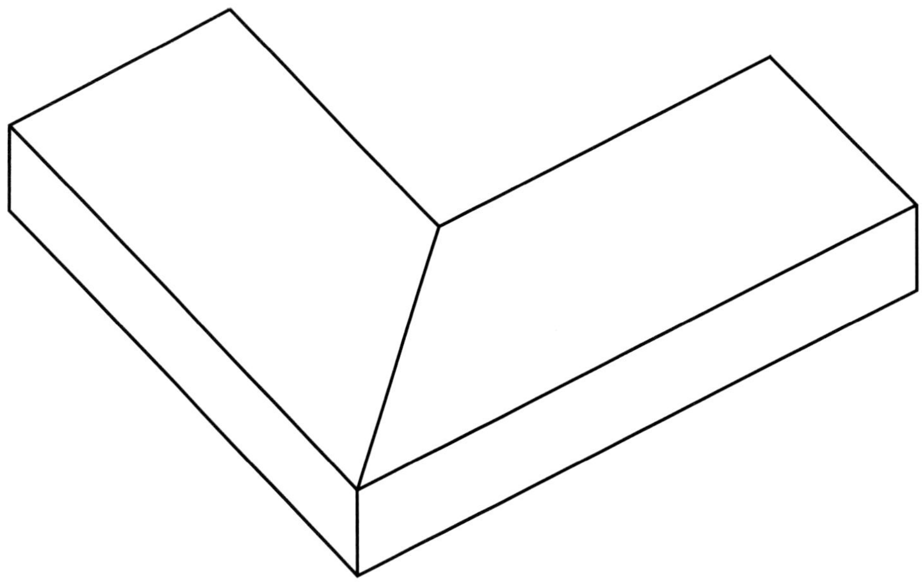

GEHRUNGSVERBINDUNG

Bei der Gehrungsverbindung werden die Enden zweier Holzteile im gleichen Winkel abgeschnitten und bilden zusammen einen doppelt so großen Winkel. Die Gehrungsverbindung kann entweder nur verleimt oder zusätzlich mit Nägeln oder Schrauben, ja sogar mit einem Dübel verstärkt werden. Ihr Zweck ist eigentlich ein dekorativer: Beim Zusammenfügen der Holzteile werden die Hirnholzflächen an den Ecken kaschiert.

Fast alle Bilderrahmen sind „auf Gehrung" geschnitten: Zwei Leisten werden jeweils in einem Winkel von 45° abgesägt und bilden miteinander einen Winkel von 90° (siehe Projekt auf Seite 115). Aber auch Sesselleisten, Türzargen und Zierleisten rund um Türen und Fenster sowie Umrandungsleisten für Tisch- und Arbeitsplatten sind Anwendungsbeispiele für die Gehrungsverbindung. Sogar bei einem hölzernen Schmuckkästchen sind die Ecken meist auf Gehrung geschnitten.

Auch bei dieser täuschend einfach aussehenden Holzverbindung ist genaues Messen und Sägen gefragt, damit die Teile exakt zusammenpassen. Wenn die beiden Teile zusammen abgesägt werden und der 45°-Winkel nicht stimmt, verdoppelt sich der Fehler beim 90°-Winkel. Wenn die Gehrung zu einem Rahmen gehört, wirkt sich der Fehler auf alle anderen Ecken aus. Außerdem muss der Schnitt im Winkel von 90° zur Holzoberfläche stehen, sonst ist auch die Gehrung nicht gleichwinklig. Die Winkel können bewusst geändert werden, um eine sogenannte „schiefe Gehrung" zu erzeugen, die allerdings für Einsteiger zu ambitioniert wäre und in diesem Buch nicht behandelt wird.

Halten Sie das Werkstück fest gegen den Anschlag der Gehrungslade und legen Sie die Säge in die 45°-Schlitze ein.

Gehrung schneiden

Das händische Schneiden von Gehrungen wird durch eine Gehrungslade sehr erleichtert. Dieses preisgünstige Helferlein ist mit Führungsschlitzen im Winkel von 45° und 90° versehen. Halten Sie die Gehrungslade gut fest – wir spannen sie in den Schraubstock ein, der fix an unserer Werkbank montiert ist. Sie können sie nach Wunsch mit Klemmen an Ihrer Werkbank befestigen. Legen Sie den Holzteil so in die Gehrungslade, dass er beim Sägen gegen den Ihnen abgewandten Anschlag der Gehrungslade gedrückt und festgehalten wird. Sie können den Holzteil zwar mit einer Klemme befestigen, aber da Sie behutsam sägen, können Sie das Werkstück auch mit der freien Hand festhalten. Das Holz neigt zwar dazu, sich zum Sägeblatt hin zu verschieben, aber Sie können dem entgegenwirken, indem Sie es gut festhalten.

Um den dazupassenden Teil zu schneiden, wird die Säge in den entgegengerichteten 45°-Führungsschlitz eingelegt.

Setzen Sie das Sägeblatt auf die Markierungslinie, die Sie an der Ihnen zugewandten Seite des Holzes angebracht haben. Stoßen Sie das Sägeblatt nach vorne und beginnen Sie zu schneiden. Lassen Sie die Sägezähne die Arbeit machen. Sägen Sie das Holz durch; damit ist der erste Gehrungsschnitt abgeschlossen. Nun bringen Sie den anderen Holzteil beim 45°-Winkel auf der gegenüberliegenden Seite der Gehrungslade in Position, setzen das Sägeblatt wieder auf die vorher angebrachte Markierungslinie und machen den zweiten Gehrungsschnitt. Wenn Sie die Schnitte an den beiden Holzteilen jeweils in umgekehrter Richtung ausführen, gehen Sie sicher, dass der Schnitt von der Oberseite geführt wird und ein etwaiger Ausriss sich auf der Unterseite befindet.

Nun können Sie die beiden im Winkel von 45° gesägten Teile zusammenfügen und überprüfen, ob sie miteinander einen Winkel von 90° bilden. Wenn das nicht der Fall ist, könnte es daran liegen, dass Sie noch mehr Übung im Sägen brauchen; vielleicht ist jedoch die Gehrungslade verschlissen und sollte durch eine neue ersetzt werden. Wenn der 90°-Winkel stimmt, machen Sie die übrigen Gehrungsschnitte, sodass Sie die Teile zusammenfügen können.

Wenn Sie die beiden Schnitte jeweils in umgekehrter Richtung ausführen, erhalten Sie saubere Schnitte an der Oberseite und ein etwaiger Ausriss befindet sich auf der Unterseite.

Wenn die zusammengehörigen, im Winkel von 45° abgesägten Teile zusammengefügt werden, muss sich ein Winkel von 90° ergeben; dies können Sie mit einem Kombiwinkel leicht überprüfen.

Wenn der 90°-Winkel nicht stimmt, brauchen Sie möglicherweise noch mehr Übung im Sägen. Es könnte aber auch die Gehrungslade verschlissen sein. Beim rechten Teil sehen Sie den Ausriss an der Unterseite.

6

In den meisten Fällen genügt es, wenn Sie die Klebeflächen zusammenleimen und mit Abdeckband fixieren. Der Leim allein sorgt für einigermaßen starken Halt. Um die Gehrungsverbindung zu verstärken ...

7

... können Sie einen kleinen Nagel in die Ecke einschlagen, der die Teile zusammenhält, während der Leim trocknet. Schlagen Sie zuvor mit dem Hammer auf die Spitze des Nagels, sodass sie stumpf wird und das Holz nicht spaltet.

Gehrungen leimen und fixieren

Eine Gehrung lässt sich gar nicht so leicht fixieren, während der Leim trocknet, da eine herkömmliche Klemme durch die schrägen Schnitte nicht gut hält. Hier hilft ein einfacher Trick: Kleben Sie ein Stück Abdeckband um die Ecke herum. Wenn Sie nur zwei Leisten verleimen wollen, ist eventuell eine zusätzliche Fixierung auf der Seite notwendig, die der Abdeckband-Seite gegenüberliegt. Bei einem vierseitigen Rahmen – dem häufigsten Fall – halten die vier Teile jedoch zusammen, wenn Sie das letzte Stück Abdeckband angebracht haben.

Damit Bilderrahmen und Tisch-Umrandungsleisten noch besser zusammenhalten, können Sie einen Nagel in die Ecke einschlagen. Es empfiehlt sich, mit dem Hammer auf die Spitze des Nagels zu klopfen, sodass sie stumpf wird (siehe Seite 43). Die stumpfe Nagelspitze kann das Holz nicht spalten, auch wenn der Nagel knapp an der Kante eingeschlagen wird. Die Nagelköpfe können Sie mit einem Versenker unter die Holzoberfläche treiben und die entstehende Vertiefung mit Holzkitt auffüllen.

Nicht jede Gehrung gelingt perfekt. Ein Tipp: Fahren Sie mit einem runden Werkzeug, z. B. mit dem Schaft eines Schraubenziehers, an der Ecke der Gehrung auf und ab, um sie abzurunden und etwaige Unebenheiten zu kaschieren.

8

Runden Sie die Kante der Gehrung durch leichtes Reiben mit dem Schaft eines Schraubenziehers ab, um Unebenheiten ...

9

... und Lücken zu kaschieren, die beim Sägen entstanden sind.

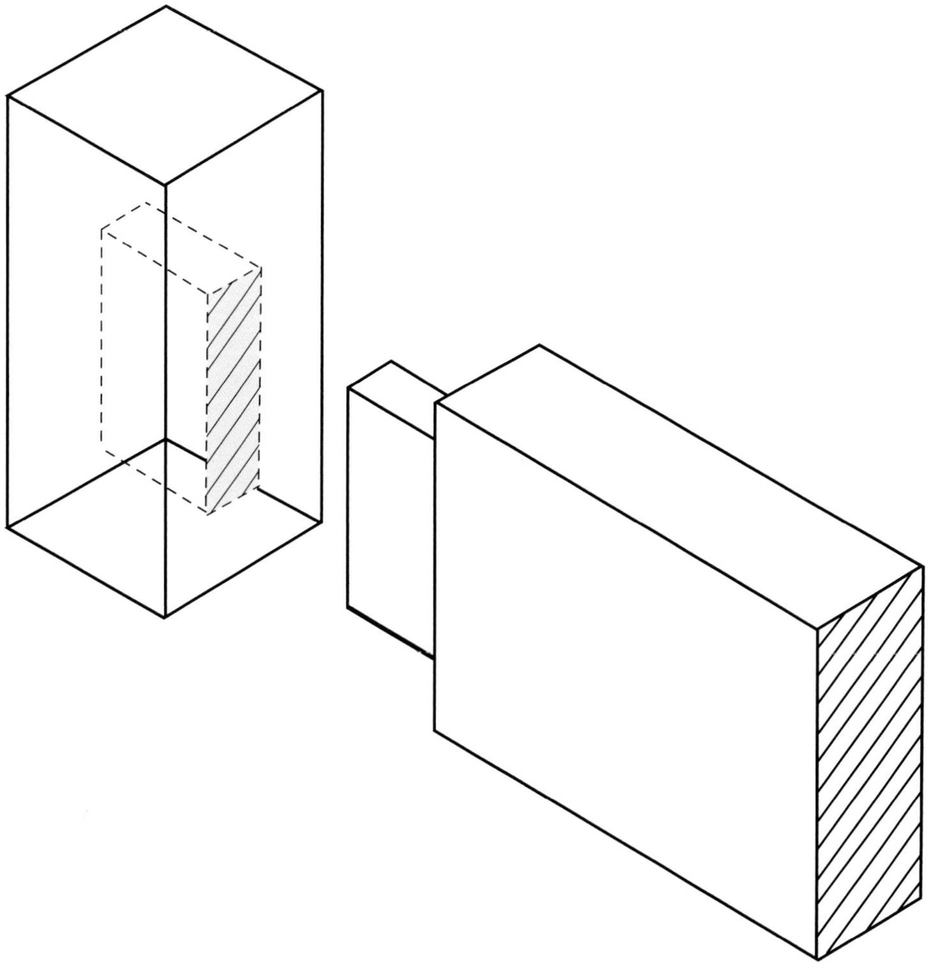

SCHLITZ- UND ZAPFENVERBINDUNG

Von der Schlitz- und Zapfenverbindung, die auf eine vieltausendjährige Tradition zurückblickt, haben Sie wahrscheinlich schon gehört. Bei dieser Holzverbindung, von der es viele Varianten gibt, ist ein Teil mit einem vorstehenden „Zapfen", der andere mit einer dazupassenden Vertiefung („Schlitz") versehen. Die beiden einfachsten Varianten der Schlitz- und Zapfenverbindung sind zugleich die robustesten.

Wir präsentieren Ihnen im Folgenden einen „eingestemmten Zapfen"; bei dieser Variante geht der Zapfen nicht durch den Schlitzteil durch, sondern endet im Holz. (Beim „durchgestemmten Zapfen" hingegen durchdringt der Zapfen die gesamte Dicke des Schlitzteils; dadurch ist der Schlitz leichter anzubringen und der Zapfen kann dekorativ ausgestaltet werden.) Die Schlitz- und Zapfenverbindung kommt oft beim Möbelbau zum Einsatz, denn sie ist robust, präzise und in ihrer einfachsten Form relativ leicht herzustellen.

Richtiges Markieren

Die Position von Schlitz und Zapfen muss auf der Oberfläche beider Holzteile gleich sein, sodass die Oberflächen der zusammengefügten Teile bündig aneinander anschließen. Um die Oberseiten kenntlich zu machen, wird ein Symbol dünn mit Bleistift daraufgezeichnet, das man für einen bloßen „Schnörkel" halten könnte. Es ist jedoch ein allgemein gebräuchliches Tischlerzeichen, das mit einer Schlinge beginnt und in einer geraden Linie in Richtung der gemeinsamen Kante ausläuft. Auf diese Weise werden sowohl die Flächen als auch die Kanten für den weiteren Verlauf der Arbeit kenntlich gemacht. In diesem Fall sind wir nur an den Flächen interessiert. Gewöhnen Sie sich jedoch an, dieses Tischlerzeichen zu verwenden.

Zunächst muss festgelegt werden, wie tief der Schlitz gehen soll. Der Zapfen soll möglichst weit in den Schlitzteil vordringen; dabei soll jedoch die gegenüberliegende Seite nicht erreicht und so viel Holz belassen werden, dass der Schlitzteil nicht geschwächt wird. (Der durchgestemmte Zapfen geht hingegen durch den gesamten Schlitzteil; der Schlitz muss eventuell von beiden Seiten gestemmt werden.) Markieren Sie an dem Teil, aus dem der Zapfen geschnitten wird, die Tiefe des Zapfens mit einer Linie. Dann verlängern Sie die Linie mit dem Winkel rund um den Holzteil.

1

Damit die Holzverbindung an der richtigen Stelle geschnitten wird, markieren Sie an beiden Holzteilen die Oberseite und die Kante mit einem Tischlerzeichen.

2

Markieren Sie die gewünschte Tiefe des Zapfens (= die Zapfenschulter) am Zapfenteil.

3

Verlängern Sie die Markierungslinie quer über die Oberseite. Dann verlängern Sie die Linie ...

4

... über die Kantenfläche, die gegenüberliegende Kantenfläche und schließlich über die Unterseite.

So entsteht die Zapfenschulter, die an dem anderen Holzteil anstoßen wird. Nun markieren Sie die Position des Schlitzes. Seine Breite entspricht der Breite des Zapfenteils abzüglich einer kleinen Strecke; dieser Abzug ist notwendig, damit die Zapfenschulter rund um den Zapfen verläuft. Es ist gebräuchlich, den Schlitz etwas vom Ende des Schlitzteils zurückzusetzen: Es soll so viel Holz am Ende des Schlitzteils stehenbleiben, dass es sich beim Zusammenfügen nicht spaltet. Dieses Endstück wird nach dem Zusammenbau abgeschnitten.

Nun markieren Sie an beiden Teilen die Breite des Zapfens – dadurch wird auch die Breite des Schlitzes bestimmt. Als Nächstes muss die Dicke des Zapfens festgelegt werden. Sie soll der Einfachheit halber mit der Breite des Stemmeisens identisch sein, das zum Ausstemmen verwendet wird. Bringen Sie die entsprechenden Markierungen rund um den Zapfen und rund um den Schlitz an. Jetzt sind alle Markierungslinien komplett, und Sie können mit Säge und Stemmeisen zu arbeiten beginnen.

5 Markieren Sie die Breite des Holzteils, um anschließend die Breite des Zapfens berechnen zu können. Am Ende des Schlitzteils soll ein Endstück stehenbleiben, das nach dem Zusammenbau weggeschnitten werden kann.

6 Die Breite des Zapfens muss gegenüber der Breite des gesamten Zapfenteiles so weit zurücktreten, dass rund um den Zapfen eine Zapfenschulter entsteht. Markieren Sie den entsprechenden Abstand am Zapfen- und am Schlitzteil.

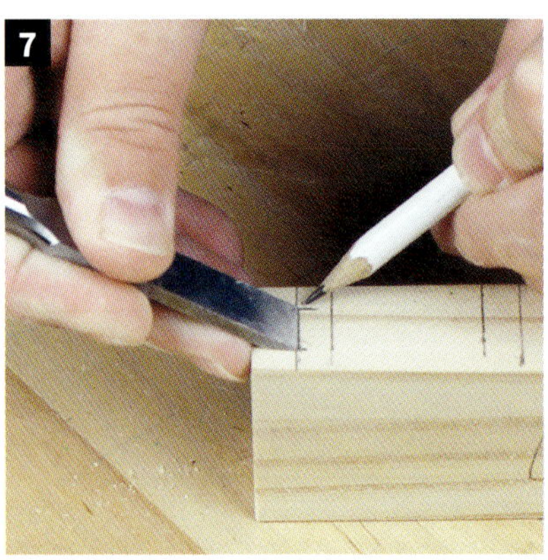

7 Die Dicke des Zapfens soll der Breite des Stemmeisens entsprechen, mit dem der Schlitz herausgestemmt wird. Markieren Sie die Breite des Stemmeisens auf den Holzteilen.

8 Verlängern Sie die Markierungslinien mit dem Tiefenmaß des Kombiwinkels auf dem Schlitz- und dem Zapfenteil. Die Tischlerzeichen müssen auf derselben Seite sein.

9 Nun sind alle Markierungen angebracht und es ist zweifelsfrei erkennbar, wo die Holzverbindung geschnitten werden soll.

Beginnen Sie den Schlitz an der Schmalseite zu schneiden. Setzen Sie das Stemmeisen auf die Markierungslinie und klopfen Sie mit dem Klüpfel auf das Heft.

Schlitz und Zapfen schneiden

Schneiden Sie zuerst den Schlitz: Fixieren Sie den Schlitzteil mit einem Schraubstock oder einer Klemme auf der Werkbank. Platzieren Sie das Stemmeisen auf der Markierungslinie an einer Schmalseite des Schlitzes und klopfen Sie mit dem Klüpfel auf das Ende des Heftes, sodass das Eisen ins Holz schneidet. Dann drehen Sie die Klinge um 90° und schneiden Sie ebenso an der Längsseite des Schlitzes entlang (Vorsicht: In Faserrichtung kann das Holz sich leicht spalten!), dann an der anderen Schmalseite und dann wieder in Faserrichtung an der anderen Längsseite entlang. Nun beginnen Sie den Schlitz auszustemmen. Machen Sie zunächst mithilfe des Klüpfels mehrere Einschnitte mit dem Stemmeisen, sodass kleine Holzklötze entstehen, die sich leicht herausstemmen lassen. Dann schneiden Sie wie zuvor mit dem Stemmeisen an den Schmalseiten entlang, dieses Mal gehen Sie aber mehr in die Tiefe.

Wiederholen Sie diese Schritte, bis Sie den Schlitz bis zur vollen Tiefe ausgestemmt haben. Vorsicht: Strapazieren Sie das („normale") Stemmeisen nicht zu sehr, sonst könnte es sich verbiegen oder brechen. Es gibt spezielle starke Stemmeisen (Lochbeitel) für diese Arbeit; Sie können sich später eines zulegen. Eventuell müssen Sie das Innere des Schlitzes mit dem Stemmeisen glatt „hobeln". Nehmen Sie aber nicht zu viel Holz weg, damit der Zapfen nicht zu locker sitzt.

Um den Zapfen zu schneiden, spannen Sie zunächst den Zapfenteil mit dem Ende nach oben in einen Schraubstock ein und sägen Sie auf allen vier Seiten (jeweils auf der Abfallseite) in Faserrichtung bis hinunter zur Schulterlinie. Nun fixieren Sie das Holz in einer waagrechten Position und machen Sie die Schnitte an der Schulterlinie. Schneiden Sie dabei ganz genau; sämtliche Schnitte rund um den Zapfen müssen auf einer Ebene ineinander übergehen. Ungenauigkeiten bleiben am fertigen Stück sichtbar und verderben den optischen Eindruck! Die kleinen Abfallbereiche, die durch die Schnitte in Faserrichtung entstanden sind, fallen ab, wenn der Schnitt in der richtigen Tiefe erfolgt.

Der fertig geschnittene Zapfen muss eventuell durch „Abhobeln" mit dem Stemmeisen versäubert werden. Fügen Sie Schlitz und Zapfen probeweise zusammen; sie sollten eng ineinanderpassen. Wenn sie zu knapp aneinanderliegen, hobeln Sie noch etwas Holz weg, bis die Teile exakt zusammenpassen. Fertig!

Drehen Sie das Eisen um 90°. Schneiden Sie ebenso an der Längsseite entlang (ohne das Holz zu spalten), dann an der anderen Schmalseite, dann wieder in Faserrichtung an der anderen Längsseite entlang.

Jetzt machen Sie mehrere Einschnitte mit dem Stemmeisen, sodass kleine Holzklötze entstehen, die sich leicht herausstemmen lassen.

Wiederholen Sie diesen Schritt und stemmen Sie nach und nach den Schlitz bis zur vollen Tiefe aus.

Hobeln Sie die Unebenheiten nach und nach aus dem Schlitz heraus. Nehmen Sie nicht zu viel Material weg, damit der Zapfen nicht zu locker sitzt.

Fixieren Sie den Zapfenteil und sägen Sie an den Umrissen des Zapfens entlang. Setzen Sie das Sägeblatt immer auf der Abfallseite auf!

Sägen Sie bis zur Schulterlinie. Hören Sie genau auf der Linie oder knapp davor zu sägen auf.

Schneiden Sie auf allen Seiten des Zapfens bis zur Schulterlinie. Falsche Schnitte bleiben sichtbar!

Nun fixieren Sie das Holz in einer waagrechten Position und machen Sie die Schnitte entlang der Schulterlinie.

Die kleinen Abfallbereiche, die durch die Schnitte in Faserrichtung entstanden sind, fallen ab, wenn Sie in der richtigen Tiefe schneiden.

Sägen Sie rundherum an der Schulterlinie entlang. Nun ist der Zapfen vollständig sichtbar.

Wenn nötig, glätten Sie den Zapfen, indem Sie Unebenheiten mit dem Stemmeisen „abhobeln“.

Setzen Sie die Teile probeweise zusammen. Wenn sie nicht passen, „hobeln“ Sie noch etwas Holz ab.

Nun ist die Schlitz- und Zapfenverbindung fertig.

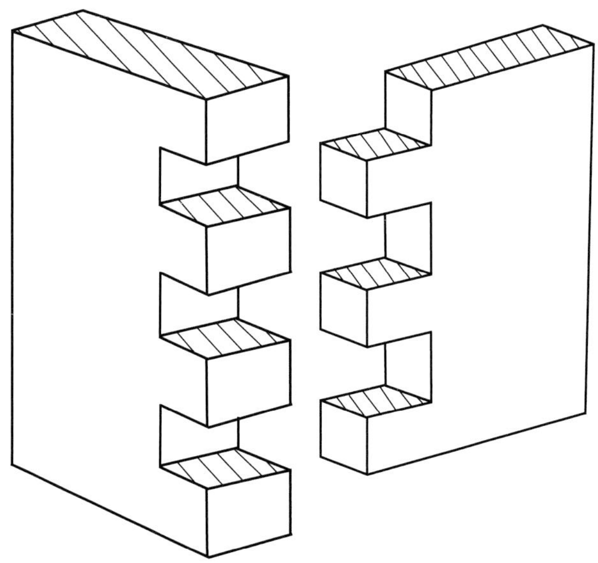

BREITE FINGERZINKEN

Die Zinkenverbindung ist eine stabile Eckverbindung, die sich ideal für Kassetten eignet. Die hier vorgestellte Version nennen wir „breite Fingerzinken", weil die Abstände zwischen den ineinandergreifenden Schlitzen breiter als üblich sind. Die Herstellung von Hand geht dadurch leichter und schneller, die Fingerzinken sind trotzdem schön und stabil.

Es gibt noch andere Eckverbindungen wie Schwalbenschwanzzinken und Gehrungszinken, für die man aber teure motorbetriebene Geräte oder große handwerkliche Erfahrung braucht. Bei den Fingerzinken werden versetzte Schlitze in die Kanten zweier Holzteile geschnitten, die wie Finger ineinandergreifen. Je nach der Anzahl und Breite der Zinken kann auch diese Holzverbindung hohes handwerkliches Können erfordern. Betrachten Sie die breiten Fingerzinken als Einsteigerprojekt, das im Augenblick seinen Zweck erfüllt, aber auch Ihr Interesse an aufwendigeren Eckverbindungen anregen soll.

Messen und Markieren

Das Markieren ist in diesem Fall das Um und Auf. Das genaue Abmessen ist nicht so wichtig, solange Sie sich bei allen Markierungen am selben Ausgangspunkt orientieren – nämlich an den Tischlerzeichen aus Schlinge und gerader Linie, die sich an einer Kante treffen. Sie zeigen an, von wo alle Messungen und Markierungen ausgehen müssen.

Markieren Sie die Oberseiten und die Kanten an allen Holzteilen. In diesem Fall ist die Oberseite die Außenseite der Eckverbindung. Legen Sie die rechtwinkligen Enden der Holzteile aneinander; achten Sie darauf, dass sich die Oberseiten und die Kanten auf derselben Seite befinden und die Kanten bündig aneinanderliegen. Dann messen oder markieren Sie von der gekennzeichneten Kante aus an einer optisch ansprechenden Stelle die Umrisse der Zinken auf beiden Teilen.

Verlängern Sie diese Markierungen mit dem Winkel an beiden Holzteilen. Vergewissern Sie sich jeweils, dass Sie den Winkel auf einer markierten Oberfläche oder Kante angelegt haben. Dann verlängern Sie die Markierungen rund um die Hirnholzflächen der Holzteile. Bei dieser Holzverbindung ist es besonders wichtig, die Abfallbereiche mit diagonalen Linien zu markieren. Ohne diese optische Hilfe kann es leicht passieren, dass Sie an der falschen Stelle schneiden.

Das Markieren der Flächen und Kanten mit dem Tischlerzeichen ist bei der Zinkenverbindung besonders wichtig, damit Sie einen verlässlichen Ausgangspunkt haben.

Je nach dem gewünschten optischen Erscheinungsbild können die Zinken abgemessen oder freihändig markiert werden.

Vergewissern Sie sich, dass die Markierungslinien über die Hirnholzflächen beider Holzteile verlaufen.

Um die Tiefe der Zinken zu bestimmen, markieren Sie die Dicke jedes Holzteils am Ende des anderen Teils.

Verlängern Sie die Linie quer über den Holzteil. Vergewissern Sie sich, dass Sie den Winkel an der markierten Fläche oder Kante angelegt haben.

Verlängern Sie die Linien rund um die Hirnholzflächen der Holzteile.

Kennzeichnen Sie die Abfallbereiche mit diagonalen Schraffierungslinien.

Zinken schneiden

Lassen Sie sich Zeit und schneiden Sie sorgfältig! Sägen Sie immer auf der Abfallseite der Markierungslinie und hobeln Sie mit dem Stemmeisen kleine Abfallbereiche in dünnen Spänen ab.

Spannen Sie den ersten Holzteil in den Schraubstock ein (fixieren Sie größere Holzteile mit einer Klemme seitlich an der Werkbank). Sägen Sie auf der Abfallseite der Linie in Faserrichtung bis zur Schulterlinie. Sehen Sie immer wieder auf der Rückseite des Holzteils nach, ob der Schnitt auf beiden Seiten gleichmäßig ist. Schneiden Sie an allen Linien entlang und wiederholen Sie die Schnitte am anderen Holzteil. Nun können Sie die Abfallbereiche entfernen: Wenn der Abfallbereich von der Außenkante zugänglich ist, kann er mit einer herkömmlichen Säge ausgesägt werden. Für die inneren Abfallbereiche empfehlen wir eine Kopiersäge.

Setzen Sie die Säge beim Anfangspunkt eines der zuvor ausgeführten Sägeschnitte an und schneiden Sie auf den Endpunkt des Schnittes auf der anderen Seite des Abfallbereiches zu. Die Kopiersäge ist für gerade Schnitte quer zur Faser nicht ideal – bemühen Sie sich, möglichst gleichmäßig zu schneiden. Wenn Sie den anderen Schnitt erreichen, löst sich ein Stück Abfallholz in Form eines gebogenen Dreiecks, und Sie können das Sägeblatt an der tiefsten Stelle des Schnittes ansetzen. Schneiden Sie auf den Endpunkt des ersten Sägeschnittes (auf der anderen Seite des Abfallbereichs) zu. Diesmal wird ein dünneres „Dreieck" aus Abfallholz herausgelöst. Mit etwas Glück genügen diese beiden Sägeschnitte, um den Abfallbereich zu entfernen. Mit dem Stemmeisen können Späne „herausgehobelt" werden, bis der Schlitz einen ebenen Boden hat. Setzen Sie die fertig ausgesägten Holzteile probeweise zusammen. Für eine optimale Passgenauigkeit werden Sie noch kleinere Bereiche mit dem Stemmeisen abhobeln müssen. Schneiden Sie immer von der Vorderseite, damit Fehler auf der Innenseite versteckt werden und möglichst unsichtbar bleiben! Wenn Sie mit der Passgenauigkeit zufrieden sind, können Sie die Teile verleimen.

Fixieren Sie das Werkstück und sägen Sie immer auf der Abfallseite der Markierungslinie.

Schneiden Sie sorgfältig und achten Sie darauf, dass der Schnitt sowohl auf der Vorder- als auch auf der Rückseite die waagrechte Markierungslinie erreicht.

Wiederholen Sie die Schnitte auch beim zweiten Holzteil.

Nun schneiden Sie die Abfallbereiche heraus. Führen Sie die Schnitte quer zur Faser zuerst bei den leicht zugänglichen Bereichen aus.

Der Abfallbereich fällt heraus, wenn der Schnitt quer zur Faser den Schnitt in Faserrichtung erreicht.

Für die schwerer zugänglichen Abfallbereiche nehmen Sie eine Kopiersäge. Sägen Sie zuerst vom Anfang des oberen Einschnittes zum Ende des unteren Einschnittes.

Drehen Sie das Werkstück um und fixieren Sie es in der neuen Position. Schneiden Sie den Rest des Abfallbereichs heraus.

Wahrscheinlich werden Sie die Schulter mit dem Stemmeisen glatt hobeln müssen.

Auch die Zinken müssen eventuell abgehobelt werden.

Setzen Sie die Zinkenverbindung probeweise zusammen.

Die Teile passen gut zusammen.

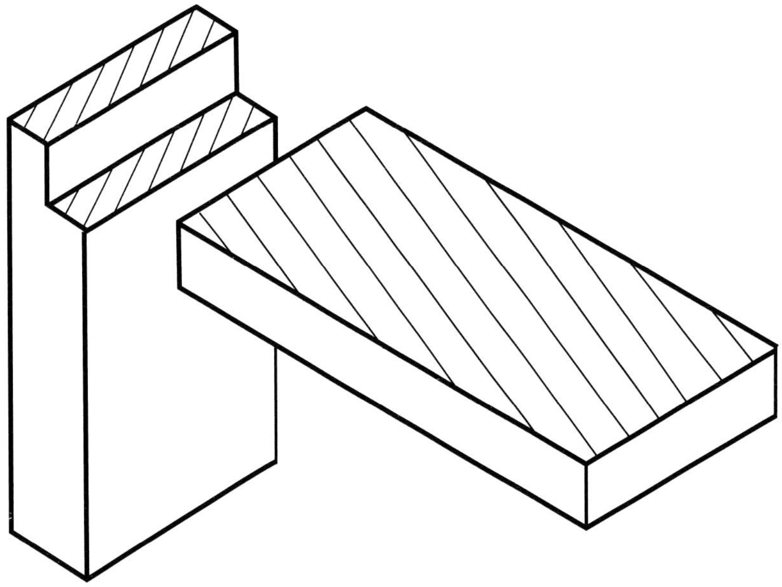

FALZ- UND NUTVERBINDUNG

Bei der Falzverbindung wird ein Holzteil in einen Falz (eine Stufe) an der Kante eines zweiten Holzteils eingefügt. Bei der Nutverbindung fügt man einen Holzteil in eine quer zur Faser verlaufende Rille (Nut) in einem anderen Holzteil ein. Die großen Klebeflächen geben diesen Holzverbindungen Stabilität. Um sie zusätzlich zu verstärken, kann man Nägel einschlagen. Die Nagelköpfe müssen mit einem Versenker unter die Holzoberfläche getrieben und die entstehenden Vertiefungen mit Holzkitt aufgefüllt werden.

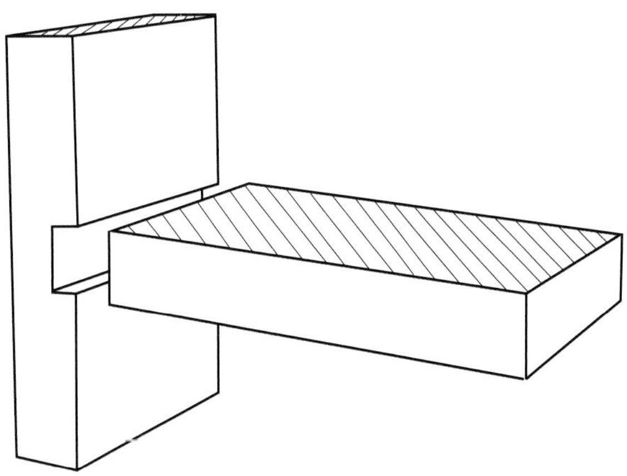

Falz- und Nutverbindung sind einander ähnlich. Anders als die Nutverbindung ist die Falzverbindung eine Eckverbindung, bei der nur wenig Hirnholz sichtbar ist. Falz- und Nutverbindungen kommen typischerweise bei Schränken und Regalen zum Einsatz; so kann z. B. ein fixes Regalbrett mit einer Nutverbindung eingefügt werden. Auch bei diesen einfachen Holzverbindungen ist genaues Markieren und Schneiden vonnöten. Um diese Fertigkeiten zu erlernen, heißt es immer wieder üben.

Markieren

Ein Falz ist besonders einfach zu markieren. Vergewissern Sie sich, dass das Ende des Brettes, an dem der Falz geschnitten werden soll, einen rechten Winkel aufweist. Dann platzieren Sie das zweite Brett, das in den Falz eingefügt werden soll, mit der Kantenfläche auf dem ersten Brett, sodass seine Oberfläche bündig an dessen Hirnholzfläche anschließt. Ziehen Sie an der Kante des aufgesetzten Brettes entlang eine Markierungslinie über das erste Brett. Diese Linie muss parallel zur Kante des ersten Brettes verlaufen. Bei der Nutverbindung wird die Markierung dort angebracht, wo das zweite Brett in einem Winkel von 90° eingefügt werden soll. Platzieren Sie das zweite Brett auf dem ersten und ziehen Sie auf beiden Seiten eine Markierungslinie. Die beiden Linien markieren die Dicke des einzufügenden Brettes und zugleich die Breite der Nut. Die Markierungen müssen noch über die Kantenflächen verlängert werden, damit auch die Tiefe der Nut erkennbar ist. Vorher schneiden wir jedoch die langen Markierungslinien mit Stemmeisen und Klüpfel nach, denn dies erleichtert das exakte Verlängern über die Kantenfläche.

Platzieren Sie das einzufügende Brett an der Kante, in die der Falz geschnitten werden soll, sodass es bündig an die Hirnholzfläche anschließt. Dann ziehen Sie eine Bleistiftlinie über das Brett.

Bei einer Nutverbindung ziehen Sie an der gewünschten Stelle an einer Seite des einzufügenden Brettes eine Markierungslinie.

Ziehen Sie an der anderen Seite des Brettes eine weitere Linie, um die Breite der Nut zu markieren.

Verlängern Sie die Linien mit dem Kombiwinkel …

… über die Oberfläche des Brettes.

Als Nächstes schneiden Sie die Markierungslinien mit einem Messer nach, damit der Falz/die Nut scharfe Kanten erhält. Wiederholen Sie diesen Schritt bei allen Bleistiftlinien. Schneiden Sie mit einem breiten, scharfen Stemmeisen schräg an die Markierungslinie heran, sodass kleine Keile aus dem Holz herausgelöst werden und eine v-förmigen Rille für das Sägeblatt entsteht. Nun verlängern Sie die Markierungslinien über die Kante. Markieren Sie mit einer weiteren Linie die gewünschte Tiefe des Falzes/der Nut. Für die Tiefe gibt es keine verbindliche Regel, sie sollte jedoch mindestens der halben Dicke des Bretts entsprechen. Machen Sie die Abfallbereiche deutlich mit diagonalen Schraffierungslinien kenntlich.

6

Schneiden Sie die Markierungslinien mit einem Messer nach, damit der Falz/die Nut scharfe Kanten erhält.

7

Schneiden Sie mit einem scharfen Stemmeisen schräg an die Markierungslinie heran, sodass eine Rille entsteht, in der das Sägeblatt platziert werden kann.

8

Verlängern Sie die Markierungen über die Kante und markieren Sie die Tiefe des Falzes/der Nut.

9

Machen Sie die Abfallbereiche, die weggeschnitten werden sollen, mit Schraffierungen kenntlich.

Den Falz/die Nut schneiden

Platzieren Sie die Säge in der Rille, die Sie mit dem Stemmeisen geschnitten haben. Sägen Sie bis zur vorgesehenen Tiefe. Zu Beginn stabilisieren Sie das Sägeblatt mit einem Finger der freien Hand, bis der Schnitt ausreichend tief ist. Sägen Sie weiter bis zu der Linie, mit der Sie die Tiefe markiert haben. Am besten behalten Sie beide Seiten des Werkstücks im Auge, um zu prüfen, ob der Schnitt vorne und hinten gleich tief ist.

Wenn Sie fertig geschnitten haben, können Sie das Abfallholz entfernen. Bei einer Nut ist das etwas mühsam und zeitaufwendig: Sie müssen quer zur Faser schneiden und brauchen ein Stemmeisen, das schmäler ist als die Nut. Klopfen Sie das Eisen bei der Tiefenmarkierung in die Kantenfläche und entfernen Sie laufend das Abfallholz, das sich aus der Nut herausringelt. Wenn Sie sich der Mitte des Werkstücks nähern, müssen Sie eventuell das Eisen umdrehen, sodass die Fase nach unten zeigt, damit Ihre Hand Platz hat, das Heft zu halten. Wenn Sie den Großteil des Abfallholzes entfernt haben, „hobeln" Sie den Boden der Nut sorgfältig glatt, damit sich der zweite Holzteil gut einpassen lässt.

Beim Falz, der von mehreren Seiten zugänglich ist, lässt sich das Abfallholz leichter entfernen. Setzen Sie ein Stemmeisen auf der Linie auf, die die Tiefe des Falzes markiert, und klopfen Sie auf das Heft, sodass ein Holzstück herausspringt. Wiederholen Sie diesen Schritt auf der ganzen Breite des Werkstücks. Der so entstandene Falz sieht noch etwas „rau" aus. „Hobeln" Sie den Boden des Falzes mit einem scharfen Stemmeisen vorsichtig ab, bis er schön glatt ist und der zweite Holzteil sich gut einfügen lässt.

Wenn alle Falze und Nuten fertig geschnitten sind, können Sie die Teile verleimen und wenn nötig zusätzlich Nägel einschlagen.

Platzieren Sie die Säge in der Rille, die Sie mit dem Stemmeisen geschnitten haben. Stabilisieren Sie das Sägeblatt mit einem Finger der freien Hand, bis der Schnitt so tief ist, dass dies nicht mehr notwendig ist.

Sägen Sie bis zur vorgesehenen Tiefe. Prüfen Sie, ob der Schnitt vorne und hinten gleich tief ist.

Nehmen Sie ein Stemmeisen, das schmäler ist als die Nut, und platzieren Sie es auf der Linie, die die Tiefe markiert.

Klopfen Sie auf das Heft, um das Abfallholz herauszustemmen.

So wird das Abfallholz aus der Nut gestemmt. Eventuell müssen Sie das Eisen umdrehen, sodass die Fase nach unten zeigt, damit Ihre Hand Platz hat, das Heft zu halten.

Platzieren Sie das Stemmeisen auf der Linie, die die Tiefe des Falzes auf der Hirnholzfläche markiert.

Beginnen Sie das Abfallholz herauszustemmen.

Entfernen Sie das gesamte Abfallholz. Nun ist der Falz sichtbar.

Nun hobeln Sie noch den Boden des Falzes mit einem Stemmeisen glatt.

Hobeln Sie Holzspäne vom Boden der Nut ab, bis er glatt und eben ist.

So sollten Falz und Nut in fertigem Zustand aussehen.

Wenn ein Brett in den Falz eingefügt wird, entsteht eine Eckverbindung.

Das Regalbrett passt exakt in die Nut.

Tipps und Tricks

LÜCKEN IN HOLZVERBINDUNGEN FÜLLEN

Auch ein noch so erfahrener Handwerker ist nicht dagegen gefeit, dass in einer Holzverbindung, die er gefertigt hat, eine Lücke zu sehen ist. So ein kleines Malheur lässt sich ohne Aufwand reparieren: Drücken Sie etwas Leim in die unerwünschte Lücke und reiben Sie etwas von dem gerade erzeugten Sägestaub in die Leimfuge. Wenn der Leim trocken ist, schleifen Sie die Fuge leicht ab. Die Lücke ist nun fast unsichtbar.

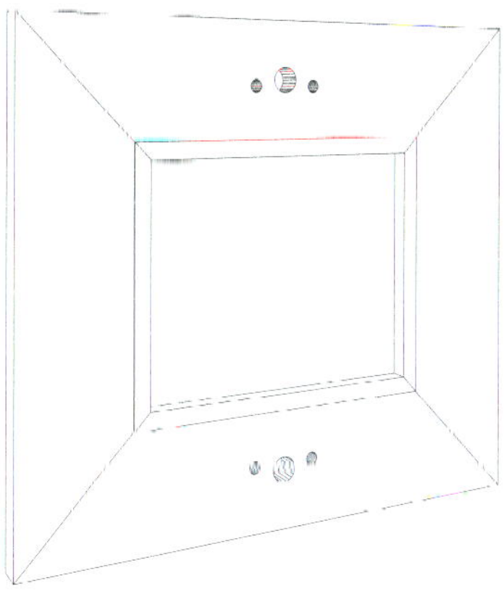
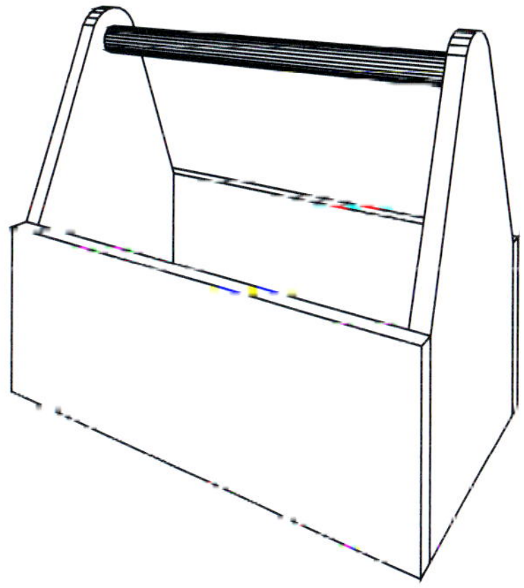
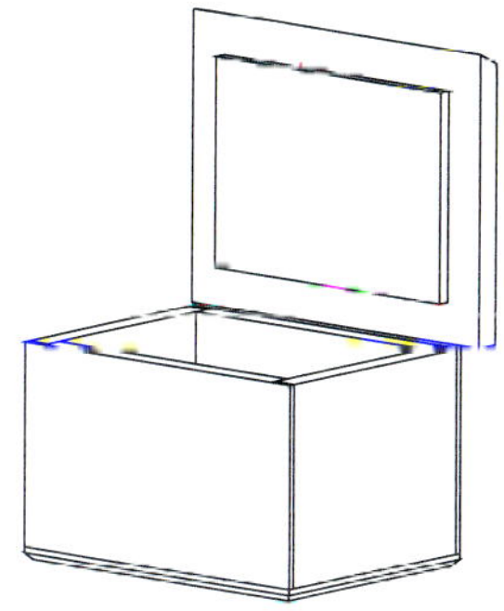

PROJEKTE

Wir haben einige funktionale und optisch ansprechende Gegenstände entworfen, die Sie mithilfe der in diesem Buch behandelten Werkzeuge und Holzverbindungen herstellen können. Die dazu notwendigen Materialien sind leicht erhältlich und kosten nicht viel. Sie können dabei Ihre handwerklichen Fertigkeiten verfeinern und an Sicherheit gewinnen, um weitere Tischlerarbeiten in Angriff zu nehmen.

HÄNGEKÄSTCHEN

Dieses Kästchen ist gerade richtig, um eine Sammlung ins richtige Licht zu rücken, Erinnerungsstücke oder kleine Taschenbücher aufzubewahren.

Wegen der ineinandergreifenden Zinken kommt diese Konstruktion ohne Nägel, Schrauben oder andere Metallteile aus – ein bisschen Leim genügt. Durch die Fingerzinken (siehe Seite 90) an den vier Ecken des Kästchens entstehen zahlreiche Klebeflächen. Durch sorgfältiges Markieren und Schneiden erhalten Sie fugenlos zusammenpassende Holzverbindungen, die für festen Halt sorgen.

Das Kästchen hat keine Rückwand (natürlich können Sie nach Wunsch eine hinzufügen). Wir haben es stattdessen mit zwei Aufhängeleisten versehen, sodass das Kästchen an der Wand befestigt werden kann. Der Rahmen der Tür ist mit Eckübeerblattungen ausgestaltet (siehe Seite 74).

Durch die Acrylglasscheibe in der Tür ist der Inhalt des Kästchens von außen sichtbar. Das Acrylglas haben wir im Baumarkt gekauft und zurechtgeschnitten, nachdem die Tür fertiggestellt war. Wir verwenden für den Korpus Bretter mit 25 x 150 mm und für den Türrahmen Bretter mit 25 x 50 mm und schneiden sie entsprechend zu. Verwenden Sie eine Holzart, die Ihnen gefällt.

SIE BRAUCHEN DAZU:

KORPUS (SEITENTEILE)
2 Bretter, 610 x 140 x 19 mm

KORPUS (OBER- UND UNTERSEITE)
2 Bretter, 405 x 140 x 19 mm

AUFHÄNGELEISTEN
2 Bretter, 367 x 38 x 19 mm

REGALBRETTER
2 Bretter, 361 x 140 x 19 mm

TÜRRAHMEN – SEITENTEILE
2 Bretter, 610 x 38 x 19 mm

TÜRRAHMEN – OBER- UND UNTERTEIL
2 Bretter, 405 x 38 x 19 mm

GLASLEISTEN
3 Leisten, 915 x 6 x 6 mm

ACRYLGLASSCHEIBE
Acrylglas, 400 x 600 mm

- 2 gerollte Möbelscharniere, 50 x 25 mm, mit Schrauben
- 1 Möbelknopf, 25 mm
- 1 Türmagnet
- 8 Regalstifte
- Stahllineal
- Kombiwinkel (oder Streichmaß)
- Messer
- Handsäge
- selbstzentrierender Bohrer, 6 mm (optional)
- Stemmeisen
- Kopiersäge
- Handhobel oder Schleifpapier
- Klemmen
- Holzleim
- Drahtstifte, 13 oder 16 mm
- Maßstab
- Ahle
- doppelseitiges Klebeband
- Oberflächenbehandlungsmittel

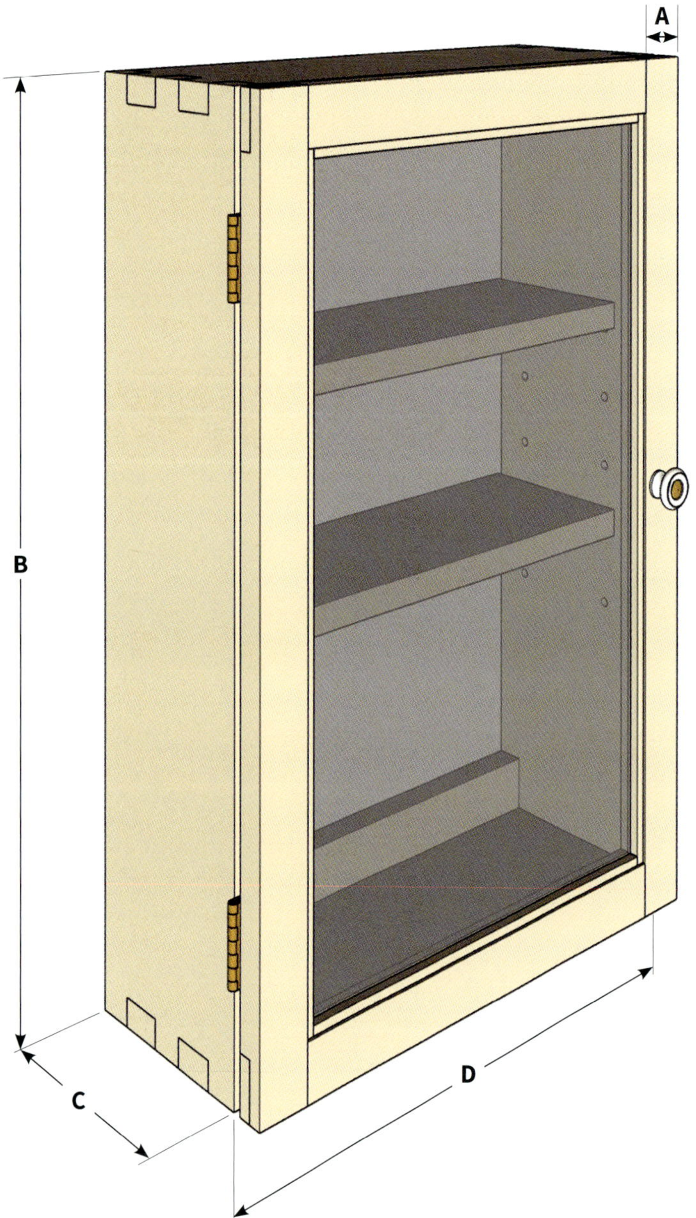

Hängekästchen – Maße

A 38 mm
B 610 mm
C 140 mm
D 405 mm

Löcher für Regalstifte

A 50 mm
B 32 mm
C 85 mm
D 200 mm

Arbeitsanleitung

Als Erstes müssen Sie die Hölzer ablängen und wenn nötig zuschneiden. Die Ober- und die Unterseite des Kästchens sind 405 mm, die Seitenteile 610 mm lang. Vergewissern Sie sich unbedingt, dass die Enden der Hölzer rechtwinklige Ecken aufweisen. Nehmen Sie sich Zeit, die vier zugeschnittenen Teile zu beschriften. Wählen Sie jeweils die „schönere" Seite als Außenseite. Um später den Zusammenbau zu erleichtern, empfiehlt es sich auch, die Eckverbindungen zu nummerieren.

Wenn die Regalbretter versetzbar sein sollen, bohren Sie Löcher für die Regalstifte in die Korpus-Seitenteile. Regalstifte gibt es in mehreren Formen und mit verschiedenen Durchmessern. Der gängigste ist 6 mm. Nehmen Sie einen Bohrer, der zum Durchmesser der Stifte passt, und bohren Sie 13 mm tiefe Löcher. Achten Sie darauf, dass Sie auf jener Seite bohren, die als Innenseite vorgesehen ist.

Die Markierungen für die Fingerzinken an den Ecken des Kästchens machen Sie am besten mit einem Stahllineal, einem Streichmaß (oder Maßband, wenn Sie kein Streichmaß haben), einem Messer und einem Winkel. Wir markieren als Erstes auf allen Teilen die Schulterlinie (= den Boden der Schlitze). Dazu stellen wir das Streichmaß etwas tiefer ein als die Dicke der Werkstücke. Dadurch stehen die Zinken nach dem Zusammenfügen etwas vor – wenn der Leim getrocknet ist, können Sie sie mit dem Hobel bündig abhobeln oder mit Schleifpapier bündig abschleifen.

Markieren Sie beide Oberflächen und alle Kanten an den Enden der vier Teile. Bei den Größenverhältnissen der Zinken und Schlitze orientieren Sie sich an den Abbildungen auf Seite 107. Verlängern Sie die Markierungslinien sorgfältig um die Enden des Werkstücks herum. Mit einem Kombiwinkel geht dies leichter. Sie können aber auch den Tischlerwinkel an der letzten Markierung anlegen und sich so weiter vorarbeiten.

Jetzt wird es heikel: Machen Sie unbedingt die Abfallbereiche an beiden Enden der vier Teile kenntlich. Orientieren Sie sich dabei an den Zeichnungen und Fotos. Die Enden des Ober- und des Unterteils müssen identisch sein. Auch die Enden der Seitenteile sind identisch, die Zinken befinden sich jedoch gegenüber den Abfallbereichen am Ober- und Unterteil. Sorgfältiges Markieren und Beschriften erleichtert Ihnen die Arbeit.

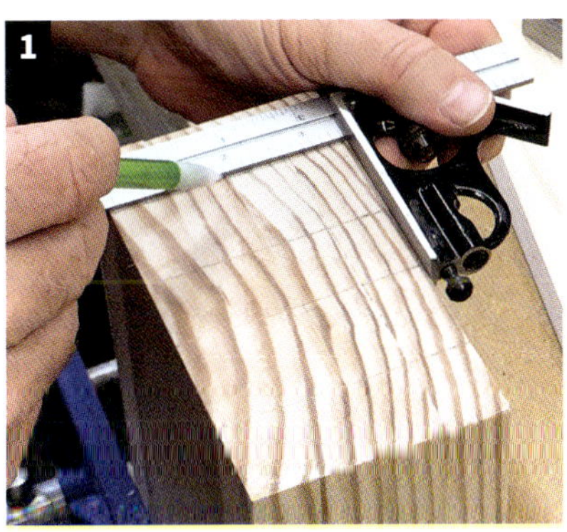

Um die Fingerzinken am Ober- und Unterteil sowie an den Seitenteilen zu markieren, stapeln Sie die Teile nach dem Ablängen. Nehmen Sie zum Markieren einen Kombiwinkel.

Reißen Sie die Schulterlinie für die Zinken mit einem Messer an. Ziehen Sie die eingeritzte Linie mit einem spitzen Bleistift nach, damit sie beim Sägen leichter zu sehen ist. Kennzeichnen Sie die Abfallbereiche.

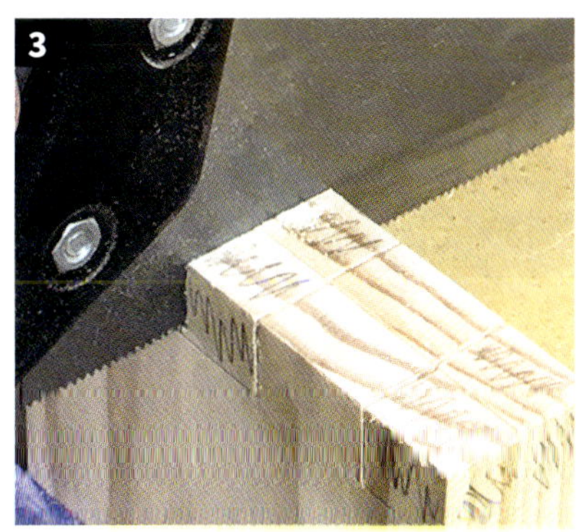

Um die senkrechten Schnitte zu machen, fixieren Sie die beiden Seitenteile aneinander. Ober- und Unterteil werden ebenfalls aneinander fixiert. Schneiden Sie bis zur Schulterlinie hinunter – und zwar immer auf der Abfallseite der Markierungslinien.

Nun können Sie die Fingerzinken schneiden. Wir haben für diese Arbeit eine herkömmliche, fein gezahnte Säge genommen. Machen Sie zuerst die senkrechten Schnitte. Sägen Sie möglichst knapp an den Markierungslinien. Sägen Sie jedesmal bis zur Schulterlinie – schneiden Sie jedoch nicht zu tief hinunter.

Um die Abfallbereiche zu entfernen, haben Sie zwei Methoden zur Auswahl. Sie können zuerst die Kopiersäge nehmen und dann mit dem Stemmeisen das restliche Abfallholz bis zu den Markierungslinien wegschneiden. Oder Sie arbeiten nur mit Stemmeisen und Klüpfel und stemmen das Holz bei der Schulterlinie beginnend heraus; dabei müssen Sie von beiden Seiten des Werkstücks arbeiten, um sauber zu schneiden.

Beim Ober- und Unterteil muss das Abfallholz an den Ecken des Werkstücks weggeschnitten werden.

Entfernen Sie das Abfallholz zwischen den Zinken mit einer Kopiersäge oder mit einem scharfen Stemmeisen. Im letzteren Fall arbeiten Sie von beiden Seiten des Werkstücks, um Ausriss zu vermeiden.

Fügen Sie die Teile probeweise zusammen und schneiden Sie so lange Holz weg, bis sie gut zusammenpassen.

Das Innere der Schlitze muss bis zu den Schulterlinien versäubert werden, damit die Teile optimal zusammenpassen.

Fügen Sie die Teile probeweise zusammen, überprüfen Sie, ob sie überall rechtwinklig sind, und machen Sie die letzten Korrekturen bei den Zinken. Beschriften Sie die Teile und bearbeiten Sie sie paarweise, um den späteren Zusammenbau zu erleichtern. Verleimen und fixieren Sie die Teile. Achten Sie darauf, dass die Anordnung beim Trocknen rechtwinklig bleibt.

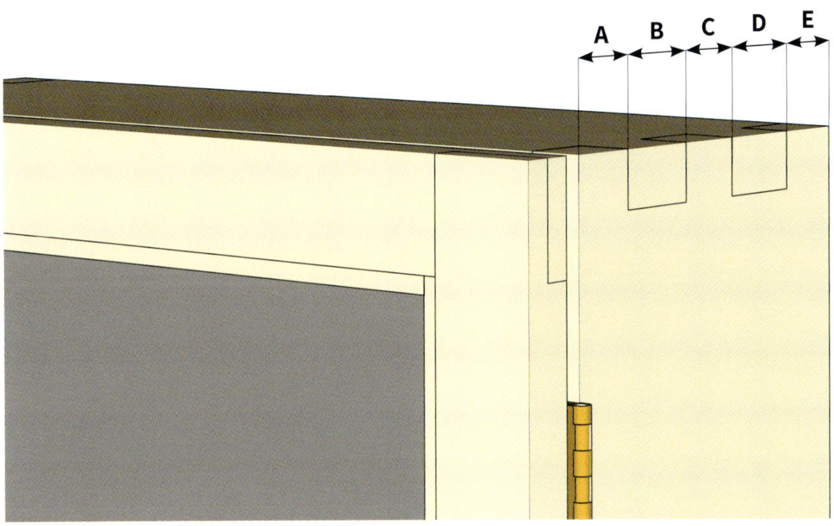

Fingerzinken – Details

A 25 mm
B 32 mm
C 25 mm
D 32 mm
E 25 mm

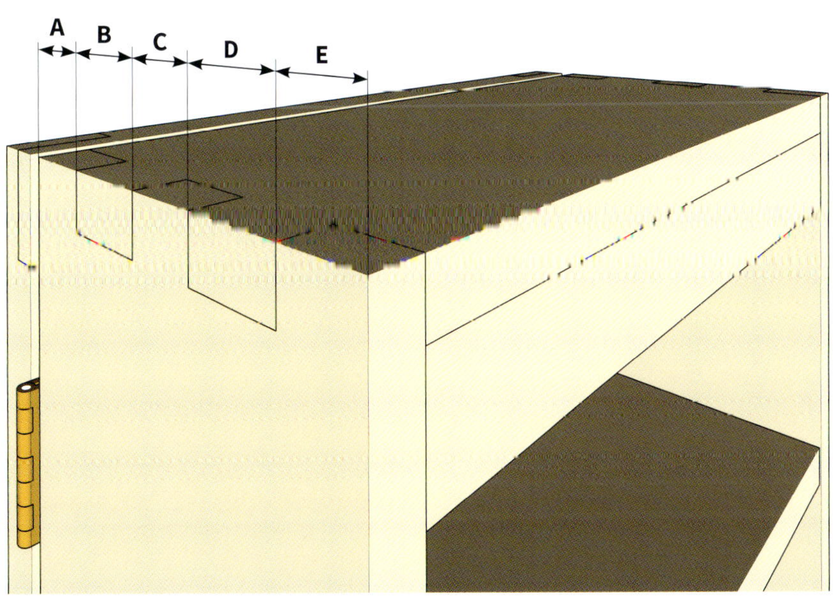

Fingerzinken – Details (von hinten)

A 25 mm
B 32 mm
C 25 mm
D 32 mm
E 25 mm

Wenn sämtliche Zinken geschnitten sind, fügen Sie die Teile probeweise zusammen und schneiden Sie die Zinken zurecht, bis sie akkurat zusammenpassen, aber nicht zu knapp aneinander sitzen. Bearbeiten Sie jede Zinkenverbindung einzeln und beschriften Sie sie, bevor Sie zur nächsten Zinkenverbindung übergehen. Zuletzt sollten die Teile fugenlos zusammenpassen. Überprüfen Sie noch einmal, ob die Anordnung überall rechtwinklig ist. Dann klopfen Sie die Teile mit einem weichen Klüpfel wieder vorsichtig auseinander, schleifen Sie sie ab, bringen Sie zwischen den Zinken Leim auf und setzen Sie die Teile wieder zusammen. Messen Sie die Diagonalen der Anordnung ab, um sicherzugehen, dass sie rechtwinklig ist, bevor der Leim trocknet. Fixieren Sie die Anordnung mit Klemmen.

Nun müssen Sie noch die Aufhängeleisten anbringen. Die Aufhängeleisten sind zwei 38 mm breite, 19 mm starke Hölzer, die so abgelängt sind, dass sie oben und unten zwischen die beiden Seitenteile des Kästchens passen. Bringen Sie Leim auf eine lange Kante auf, kleben Sie die Leisten jeweils innen an die Ober- bzw. Unterseite und fixieren Sie die Leisten mit Klemmen, sodass sie bündig mit der Rückseite des Kästchens abschließen.

Hobeln Sie die Zinken mit einem Handhobel bündig mit den Seitenteilen des Kästchens ab. Wenn Sie keinen Hobel haben, können Sie sie bündig abschleifen. Brechen Sie bei der Gelegenheit alle scharfen Kanten und schleifen Sie das ganze Werkstück glatt ab.

Nun kommen die beiden Regalbretter dran. Nehmen Sie dazu die bereitgelegten Hölzer zur Hand, kürzen Sie sie wenn nötig auf die richtige Länge und schleifen Sie sie glatt ab.

Wenn der Leim getrocknet ist, hobeln oder schleifen Sie die Zinken bündig mit den Seitenteilen des Kästchens ab und brechen Sie alle scharfen Kanten.

Schneiden Sie die Aufhängeleisten zu, sodass sie zwischen die Seitenteile des Kästchens passen, und leimen Sie sie fest.

Beim Bohren der 13 mm tiefen Löcher für die Regalstifte nehmen Sie ein „Fähnchen“ aus Klebeband als Tiefenstopp.

Schneiden Sie die Teile des Türrahmens auf die richtige Länge zu und legen Sie sie in der richtigen Anordnung auf, sodass die Kanten bündig übereinanderliegen. Markieren Sie nun die Breite jedes Teiles (= die Breite der Überblattung) auf dem benachbarten Teil.

Legen Sie die vier Rahmenteile nebeneinander auf und richten Sie die Kanten einer Schmalseite bündig aus. Nun reißen Sie mit dem Messer eine Markierungslinie an und ziehen Sie sie mit einem Bleistift nach. Verlängern Sie diese Linie rund um jeden einzelnen Teil.

Tür

Der Türrahmen ist mit Eckübeblattungen gestaltet. Die waagrechten Teile (oben und unten) werden dabei von den senkrechten überlagert. Beim Markieren leistet ein Streichmaß gute Dienste. Ziehen Sie zunächst mit dem Winkel eine Linie, die die Breite der Überblattung markiert. Sie entspricht der Breite des dazupassenden Holzteils.

Als Nächstes markieren Sie die Tiefe der Überblattung. Ein bisschen Herumprobieren ist notwendig, um das Streichmaß genau in der Mitte der Dicke des Holzteils anzusetzen. Bringen Sie dazu von der Ober- und von der Unterseite des Rahmens aus eine Markierung an. Dann richten Sie das Streichmaß aus, bis sich die beiden Markierungen an derselben Stelle überlappen. Wiederholen Sie diesen Schritt an den Enden aller Teile.

Auch hier empfiehlt es sich, alle Teile und alle Überblattungen zu beschriften und die Abfallbereiche kenntlich zu machen. Ziehen Sie die angerissenen Markierungslinien mit einem spitzen Bleistift nach, damit sie beim Sägen besser zu sehen sind.

Reißen Sie mit einem Streichmaß an den Enden aller Holzteile die Mittellinie (= Tiefe der Überblattung) an. Verlängern Sie die Linie bis zur Schulterlinie. Kennzeichnen Sie den Abfallbereich und überprüfen Sie, ob Sie auf der richtigen Seite schneiden.

Nehmen Sie für den senkrechten Schnitt entlang der Mittellinie eine grob gezahnte Säge, die für Auftrennschnitte geeignet ist. Schneiden Sie auf der Abfallseite der Markierungslinie. Achten Sie am Ende des Schnittes darauf, dass Sie nicht über die Schulterlinie hinausschneiden. Dann schneiden Sie mit einer Säge für Hirnschnitte den Abfallbereich weg. Versäubern Sie die Aussparungen mit einem breiten Stemmeisen oder einem Schleifklotz. Orientieren Sie sich dabei an den Markierungslinien und überprüfen Sie immer wieder die Passgenauigkeit der zusammengehörigen Teile, bis sie bündig und fugenlos zusammenpassen.

Verleimen und fixieren Sie die Teile. Messen Sie die Diagonalen des Rahmens, um festzustellen, ob er rechtwinklig ist. Wenn der Leim getrocknet ist, schleifen Sie den Rahmen glatt ab und brechen Sie die scharfen Kanten mit einem Handhobel oder mit Schleifpapier.

Die Leisten (6 x 6 mm) zum Anbringen der Acrylglasscheibe haben wir im Baumarkt besorgt, man bekommt sie auch in einem Bastelladen. Zunächst werden diese Leisten an der Innenseite der Öffnung des Rahmens angebracht, sodass sie bündig mit der Innenfläche der Tür abschließen. Befestigen Sie die Leisten mit kleinen Drahtstiften (13 oder 16 mm lang). Dadurch lassen sie sich auch leichter entfernen, falls Sie die Acrylglasscheibe einmal austauschen müssen.

Nun schneiden Sie die Acrylglasscheibe mit einem scharfen Messer mit mehreren Ritzschnitten um 3 mm kleiner als die Öffnung der Türe zu. Lassen Sie sich dabei Zeit! Damit Sie gerade schneiden, nehmen Sie einen Maßstab oder ein Lineal zu Hilfe. Sie werden mehrmals schneiden müssen, um das Acrylglas so tief zu ritzen, dass Sie es abknicken können. Falls nötig können Sie die Kanten abfeilen oder mit Schleifpapier abschleifen.

Platzieren Sie die Acrylglasscheibe im Türrahmen und schneiden Sie weitere Leisten zurecht, die in den Rahmen passen. Diese Leisten haben wir einfach mit ein paar Tropfen Leim befestigt und mit Klemmen fixiert.

Schneiden Sie mit einer Säge senkrecht an der Mittellinie der Überlappung entlang. Bleiben Sie dabei immer auf der Abfallseite der Markierungslinie.

Schneiden Sie an der Schulterlinie entlang, um den Abfallbereich zu entfernen.

Nun können Sie die beiden fertig geschnittenen Teile der Überblattung probeweise zusammensetzen.

18

Machen Sie mit einem Schleifklotz, einem Handhobel oder einem Stemmeisen so lange Korrekturen, bis die beiden Teile fugenlos zusammenpassen.

19

Nun wird noch die Acrylglasscheibe an der Tür angebracht. Nageln Sie Leisten (6 x 6 mm) in der Öffnung des Rahmens fest, sodass sie bündig mit der Innenfläche der Tür abschließen.

20

Um die Acrylglasscheibe zurechtzuschneiden, machen Sie mit einem Messer an einem Maßstab oder Lineal entlang mehrere Ritzschnitte.

21

Wenn Sie tief genug geschnitten haben, sollte sich das Acrylglas an der Linie entlang leicht und sauber abknicken lassen. Wenn es nicht funktioniert, ritzen Sie die Linie tiefer ein.

Fertigstellung

Scharniere befestigen wir nach Möglichkeit immer zuerst am Korpus. Markieren Sie von der Ober- und von der Unterseite des Kästchens je 75 mm Abstand für jedes Scharnier. Markieren Sie mit einer Ahle die Mittelpunkte der Bohrlöcher für die Schrauben. Zum Vorbohren nehmen Sie einen Bohrer, dessen Durchmesser eine Spur kleiner ist als jener der Schraube. Ein selbstzentrierender Bohrer eignet sich gut dazu. Die konische Spitze an der Hülse zentriert den inneren Bohrer automatisch im Schraubenloch am Scharnier.

Ein Trick: Um die Scharniere genau an der richtigen Stelle der Tür zu montieren, kleben Sie ein Stück doppelseitiges Klebeband auf den losen, umgeklappten (geschlossenen) Teil des Scharniers. Dann bringen Sie die Tür in Position und richten Sie sie mittig am Kästchen aus. Drücken Sie den Türrahmen auf das Scharnier herunter, sodass dieses am Rahmen kleben bleibt. Öffnen Sie behutsam die Tür und markieren Sie wie zuvor die Position der Schraubenlöcher. Nun nehmen Sie den Türrahmen vom Kästchen ab, entfernen Sie das Klebeband, bohren Sie die Pilotlöcher und schrauben Sie die Tür am Kästchen fest.

Bohren Sie ein Loch für den Türknopf in den Türrahmen und befestigen Sie den Türknopf mit der mitgelieferten Schraube. Befestigen Sie den Magnetteil oben oder unten im Inneren des Kästchens, sodass er bündig mit der vorderen Kante des Möbelstücks abschließt. Platzieren Sie die metallene Gegenplatte auf dem Magnetteil, sodass die Spitzen zur Tür zeigen. Schließen Sie die Tür und drücken Sie den Rahmen an die Gegenplatte, sodass die Spitzen Abdrücke hinterlassen und so die richtige Position markieren. Dann montieren Sie die Platte mit den mitgelieferten Flachkopfschrauben an der Tür.

Bringen Sie ein Finish Ihrer Wahl auf und hängen Sie das Kästchen an die Wand, indem Sie beispielsweise Sägezahnaufhänger an den Aufhängeleisten befestigen.

22

Markieren und bohren Sie die Pilotlöcher für die Schrauben und bringen Sie einen Teil des Scharniers am Kästchen an.

23

Kleben Sie doppelseitiges Klebeband auf den Teil des Scharniers, der an der Tür montiert wird. Richten Sie die Tür mittig am Korpus aus und drücken Sie sie fest auf das Scharnier, bis das Klebeband an der Tür haftet.

24

Öffnen Sie vorsichtig die Tür. Bohren Sie die Pilotlöcher am besten mit einem selbstzentrierenden Bohrer.

25

Um den Türknopf zu befestigen, bohren Sie ein Loch in den Türrahmen.

26

Als Türschließmechanismus bringen Sie einen Türmagneten an. Der Magnetteil wird oben oder unten im Inneren des Kästchens angebracht und schließt bündig mit der Vorderkante ab.

27

Platzieren Sie die metallene Gegenplatte zunächst auf dem Magnetteil, sodass die Spitzen nach außen zeigen. Drücken Sie den Türrahmen auf die Gegenplatte, sodass die Spitzen die richtige Position markieren. Dann schrauben Sie die Gegenplatte an der Tür fest.

Das fertige Kästchen

BILDERRAHMEN

Mit diesem beliebten und einsteigertauglichen Projekt können Sie Ihre Fertigkeiten unter Beweis stellen und zugleich Ihrem Lieblingsbild den „richtigen Rahmen“ geben. Unser Bilderrahmen kann sowohl hoch- als auch querformatig aufgehängt werden. Bei einem hochformatigen Bild schmückt das Lochmuster die Seitenteile, bei einem querformatigen Bild die obere und die untere Leiste des Rahmens.

Die Gehrung des Bilderrahmens beträgt 45° (siehe Seite 80). Das Schneiden der Gehrung und das fugenlose Zusammensetzen der vier Teile ist nicht ganz einfach, aber wenn Sie nach der folgenden Anleitung arbeiten und sich genügend Zeit lassen, wird es Ihnen bestimmt gelingen.

Wir haben für unseren Bilderrahmen Leisten aus Roteiche (*Quercus rubra*) aus dem Baumarkt genommen. Bei diesen breiten Leisten kann das Schneiden der Gehrungen und der Zusammenbau zur besonderen Herausforderung werden; es empfiehlt sich, zuerst mit schmäleren Hölzern zu üben (etwa 19 x 50 oder 18 x 75 mm) . Bevor Sie beginnen, stellen Sie fest, wie groß die Öffnung sein muss, denn davon hängen alle anderen Maße ab. Wir haben ein bereits bestehendes Foto mit dem Format 200 x 255 mm und einem 230 x 280 mm großen Passepartout verwendet. Die angegebenen Maße sind für ein 200 x 255 mm großes Foto gedacht. Wenn Ihr Bild ein anderes Format hat, können Sie die Maße leicht anpassen. Wenn schon ein passender, älterer Fotorahmen vorhanden ist (wie in unserem Fall), können Sie die bestehende Glasscheibe verwenden. Ansonsten können Sie Glasscheiben in den standardmäßigen Fotoformaten im Bastelladen besorgen.

Um die Rahmenleisten mit einem Falz zu versehen, haben wir an den Innenkanten des Rahmens dünne Falzleisten (13 x 13 mm) befestigt, die Sie im Bastelladen oder im Baumarkt bekommen.

SIE BRAUCHEN DAZU:

RAHMEN
1 Rahmenleiste,
1880 x 90 x 19 mm

FALZ
1 Falzleiste,
1220 x 13 x 13 mm

- **Sägezahnaufhänger**
- **Einstiftwerkzeug**
- **Glaserecken**
- **Bilderrahmenglas in der passenden Größe**
- **Hartfaserplatte als Rückenplatte (optional)**
- **Stauchkopfnägel**
- **Kunststoff-Anschlagwinkeldreieck oder Gehrungslade**
- **Kombiwinkel**
- **Handsäge**
- **Handhobel oder Schleifpapier**
- **Holzleim**
- **Bohrmaschine**
- **Forstner- oder Flachfräsbohrer, 10 mm und 19 mm**
- **Wachspapier**
- **Oberflächenbehandlungsmittel**

Bilderrahmen – Maße

A	430 mm	F	255 mm
B	19 mm Ø	G	90 mm
C	25 mm	H	380 mm
D	10 mm Ø	I	200 mm
E	5 mm		

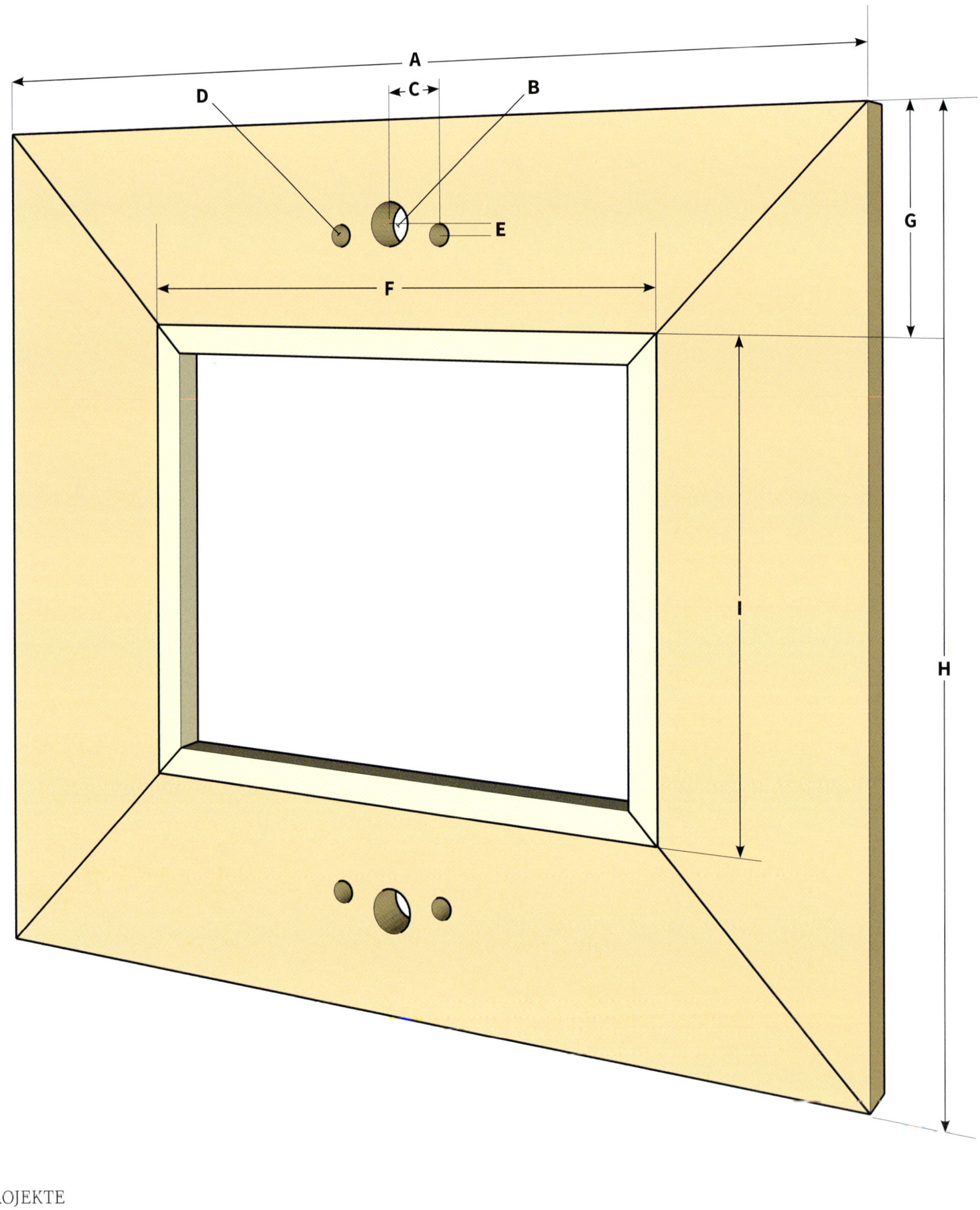

Gehrung schneiden

Um die 45°-Winkel zu schneiden, können Sie eine Gehrungslade verwenden. Eine gute Lösung bietet auch ein Anschlagwinkeldreieck aus Kunststoff, das Sie als Führungsschiene für die Säge an der Werkbank festklemmen können. Damit die vier Holzteile leichter zu handhaben sind, können Sie sie mit etwas Überlänge zuschneiden, bevor Sie die Gehrung schneiden.

Wenn die Teile fugenlos zusammenpassen sollen, müssen die gegenüberliegenden Teile genau gleich lang sein. Natürlich wollen Sie auch sichergehen, dass die Abstände zwischen den „stumpfen Ecken“ der Rahmenleisten der Größe Ihres Bildes entsprechen. In unserem Fall sind zwei der Teile auf der „kurzen“ Seite 255 mm lang, die anderen beiden 200 mm lang.

Nachdem Sie die vier Teile zugeschnitten haben, stapeln Sie zwei gegenüberliegende Teile übereinander und fixieren Sie sie mit Klemmen, sodass die Enden auf einer Seite bündig aneinanderliegen. Fixieren Sie den Stapel an Ihrer Werkbank, sodass Sie die Gehrungsschnittkanten mit einem Handhobel glätten können. Dadurch werden die Teile auf gleiche Länge gebracht, und Sie können gleichzeitig kleine Korrekturen an der Gehrung anbringen. Während des Hobelns überprüfen Sie den Arbeitsfortschritt immer wieder mit dem 45°-Anschlag des Kombiwinkels. Dann drehen Sie die noch immer aneinander fixierten Leisten vorsichtig um und bearbeiten Sie die Schnittflächen am anderen Ende. Wiederholen Sie den Vorgang mit den anderen beiden Leisten.

Wenn Sie keinen Handhobel besitzen, können Sie einen selbst gefertigten Schleifklotz mit grobem Schleifpapier (Körnung 100) verwenden. Passen Sie auf, dass Sie die Ecken der Werkstücke beim Schleifen nicht abrunden.

Um die 45°-Winkel an den Rahmenteilen zu schneiden, können Sie eine Gehrungslade oder ein Anschlagwinkeldreieck aus Kunststoff verwenden.

Fixieren Sie zwei gegenüberliegende Teile aneinander und glätten Sie die Gehrungsschnittkanten mit einem Handhobel.

Überprüfen Sie den Gehrungswinkel an den Enden der Leisten mit dem 45°-Anschlag des Kombiwinkels. Für kleine Korrekturen nehmen Sie den Hobel.

Nun ist der Moment gekommen, um alle vier Teile zusammenzufügen und die Passgenauigkeit zu überprüfen. Zuerst räumen Sie auf Ihrer Werkbank eine waagrechte Fläche frei, entfernen Sie Staub und Holzreste. Legen Sie die vier Teile auf. Markieren Sie die Teile, sodass Sie sie während des probeweisen Zusammenbaus ebenso wie beim Leimen und Fixieren immer auseinanderhalten und korrekt ausrichten können.

Überprüfen Sie die Passgenauigkeit an jeder Ecke. Legen Sie dazu einen Winkel an der Innenkante des Rahmens an. Stellen Sie fest, wo die Teile dicht aneinander sitzen und wo eine Lücke ist. Hobeln oder schleifen Sie die Stellen ab, die zu hoch sind, und überprüfen Sie wieder die Passgenauigkeit. Die unerwünschte Fuge wird dadurch immer enger. Wenn die Teile fugenlos zusammenpassen, gehen Sie zur nächsten Ecke über.

Wenn Sie mit der Passgenauigkeit an allen vier Ecken zufrieden sind, können Sie die Teile verleimen. Legen Sie Wachspapier auf der Werkbank auf, um sie vor Leimresten zu schützen.

Leimen

Heutzutage gibt es moderne Klebstoffe, mit denen Sie einen Bilderrahmen auch ohne Klemmen zusammenleimen können. Beginnen Sie an einer Ecke. Tragen Sie eine dünne Leimschicht auf beide Klebeflächen auf und lassen Sie den Leim ein bis zwei Minuten in das Hirnholz eindringen. Dann bringen Sie eine zweite dünne Leimschicht auf. Fügen Sie die flach auf der Werkbank aufliegenden Teile aneinander. Drücken Sie sie zusammen und verschieben Sie sie ein paarmal leicht gegeneinander (vor und zurück, ein paar Millimeter in jede Richtung). Wenn Sie spüren, dass der Leim zu haften beginnt, bringen Sie die Teile in die endgültige Position und halten Sie die Ecke etwa eine Minute zusammengedrückt fest. Man nennt das eine Reibeverbindung, weil die Reibebewegung die Klebekraft des Leims verstärkt.

Nun lassen Sie den Leim zwei, drei Stunden trocknen. Dann gehen Sie zur nächsten Ecke über und wenden Sie dieselbe Reibetechnik an. Lassen Sie die Teile ebenfalls zwei, drei Stunden trocknen. Zum Schluss fügen Sie den vierten Teil in den Rahmen ein. Das ist etwas schwieriger, da Sie beide Ecken gleichzeitig leimen müssen. Aber wenn die Passgenauigkeit stimmt, entfaltet der Leim auch hier seine Klebekraft. Lassen Sie den Rahmen ein paar Stunden (besser noch: über Nacht) trocknen. Dann können Sie ihn in die Hand nehmen, ohne dass er auseinanderfällt.

Tipps und Tricks

GEHRUNGSVERBINDUNGEN VERSTÄRKEN

Wenn Sie befürchten, dass eine Gehrungsverbindung nicht fest genug zusammenhält, verstärken Sie sie mit Drahtstiften oder kleinen Stauchkopfnägeln. Damit das Holz sich beim Einschlagen der Nägel nicht spaltet, schneiden Sie den Kopf von einem Nagel ab, verwenden Sie diesen als Bohrer und bohren Sie Pilotlöcher für die Nägel. Treiben Sie die Nagelköpfe mit einem Versenker unter die Holzoberfläche. Füllen Sie die dabei entstehenden Vertiefungen mit einer Mischung aus Leim und Sägestaub und schleifen Sie sie bündig ab. Sie können diese Vertiefungen auch nach der Oberflächenbehandlung mithilfe eines Wachsmalstiftes auffüllen.

4

Überprüfen Sie an einer Ecke nach der anderen die Passgenauigkeit und die Rechtwinkligkeit. Machen Sie mit dem Hobel Korrekturen, bis die Teile fugenlos zusammenpassen und einen rechten Winkel bilden.

5

Wenn Sie alle Teile markiert und die Passgenauigkeit optimiert haben, tragen Sie an einer Ecke nacheinander zwei dünne Leimschichten auf die Klebeflächen an beiden Teilen auf, bevor Sie sie zusammenfügen.

6

Lassen Sie die geleimte Ecke zwei, drei Stunden trocknen, bevor Sie zur nächsten Ecke übergehen.

7

Lassen Sie den fertig geleimten Rahmen am besten über Nacht trocknen. Danach können Sie die Ecken mit Stauchkopfnägeln (den Kopf abschneiden) verstärken.

8

Stecken Sie das spitze Ende in das Bohrfutter der Bohrmaschine und bohren Sie mit dem anderen Ende Löcher in den Rahmen.

9

Schlagen Sie die Nägel gut ein, sodass die Nagelköpfe ganz wenig vorstehen.

10

Treiben Sie die Nagelköpfe mit einem Versenker knapp unter die Holzoberfläche.

Fertigstellung

Um den Rahmen mit einem Falz für das Glas und das Bild zu versehen, schneiden Sie 13 x 13 mm starke Leisten zur Gehrung, sodass sie in die Öffnung des Rahmens passen. Wir haben die Leisten festgeklebt, sodass sie gegenüber dem Rahmen etwa 3 mm vorstehen. So entsteht eine optisch interessante Schattenlinie. Nun bohren Sie mit einer Bohrmaschine die dekorativen Löcher (10 mm und 19 mm Durchmesser) in den Rahmen. Platzieren Sie das größere Loch auf dem Halbierungspunkt der Rahmenbreite.

Wenn Sie ein Finish auf den Rahmen auftragen wollen, ist jetzt der richtige Zeitpunkt. Wenn das Finish trocken ist, können Sie das Glas und das Bild im Rahmen befestigen und eine Aufhängung anbringen. Dazu bietet sich ein Sägezahnaufhänger an. Zentrieren Sie ihn auf der Rückseite der oberen Rahmenleiste und befestigen Sie ihn mit den mitgelieferten Nägeln.

Um das Glas und das Bild (evtl. auch eine Rückenplatte) zu befestigen, gibt es mehrere Möglichkeiten. Wir haben uns für Glaserecken und ein Einstiftwerkzeug entschieden. Beides bekommt man um wenig Geld im Baumarkt. Die Glaserecken sind ganz leicht anzubringen. Wenn Sie eine große Anzahl von Bilderrahmen anfertigen wollen, können Sie sich ein professionelles Einstiftwerkzeug zulegen, das wie eine Klammerpistole funktioniert. Wenn es Ihnen schwerfällt, die Glaserecken ins Holz zu drücken, können Sie dies in einem Bilderrahmengeschäft erledigen lassen.

11

Um den Rahmen mit einem Falz für das Glas und das Bild zu versehen, schneiden Sie 13 x 13 mm starke Leisten zu.

12

Um die Leisten zur Gehrung zu schneiden, ist eine Gehrungslade sehr praktisch.

13

Kleben Sie die Leisten so in die Öffnung des Rahmens, dass sie vorstehen. So entsteht eine optisch interessante Schattenlinie.

Um die dekorativen Löcher in den Rahmen zu bohren, können Sie eine Bohrmaschine benutzen.

Richten Sie den Sägezahnaufhänger mittig auf der Rückseite der oberen Rahmenleiste aus und befestigen Sie ihn mithilfe der mitgelieferten Nägel.

Um das Glas, das Bild und nach Wunsch die Rückenplatte zu befestigen, bieten sich Glaserecken an.

Der fertige Bilderrahmen

REGAL

Dieses Möbelstück ist ganz leicht zu bauen und sorgt für Ordnung. Bücher finden darauf ebenso Platz wie gerahmte Fotos, Ziergegenstände oder Spielsachen.

Die Regalbretter sind mit Nutverbindungen befestigt (siehe Seite 94); die Konstruktion ist so solide, dass sie über Generationen hält. Breite, Höhe und Tiefe können Sie so bestimmen, dass das Regal haargenau an die gewünschte Stelle passt. Wir haben für die Seitenteile und die Regalbretter 19 mm starke Bretter verwendet, die problemlos erhältlich sind. Wenn Sie schmälere Bretter (19 x 200 mm) wählen, wird Ihnen das Herstellen und Zusammenfügen der Nutverbindungen leichter fallen. Es empfiehlt sich, das Schneiden der Nuten zuvor auf Restholzstücken zu üben.
Um die Regalbretter zu verstärken, falls Sie etwa viele schwere Bücher daraufstellen wollen, und um zu verhindern, dass Gegenstände rückwärts vom Regal fallen, haben wir an jedem Regalbrett eine Randleiste oben an der hinteren Längsseite montiert.
Die senkrechten Seitenteile des Regals ragen über das oberste waagrechte Brett hinaus. Oben an jedem Seitenteil befindet sich ein bogenförmiger Ausschnitt. Soll das Regal an einen anderen Platz versetzt werden, können die Ausschnitte als Grifflöcher dienen. Die obere rückwärtige Blende hat eine gebogene Oberkante und ist mit einem ausgesägten Muster verziert.

SIE BRAUCHEN DAZU:

SEITENTEILE
2 Bretter, 846 x 235 x 19 mm

REGALBRETTER
3 Bretter, 840 x 235 x 19 mm

RANDLEISTEN
2 Leisten, 828 x 63 x 19 mm

BLENDE
1 Brett, 828 x 100 x 19 mm

- Anschlagwinkeldreieck
- Streichmaß oder Kombiwinkel
- Messer
- Handsäge
- Bohrmaschine
- Stemmeisen
- Kopiersäge
- Handhobel oder Schleifpapier, Raspeln und Feilen
- Klemmen
- Klüpfel
- Zirkel
- Holzleim
- Oberflächenbehandlungsmittel

Regal – Maße

A	215 mm	D	336 mm	G	846 mm
B	63 mm	E	90 mm	H	840 mm
C	336 mm	F	235 mm	I	828 mm

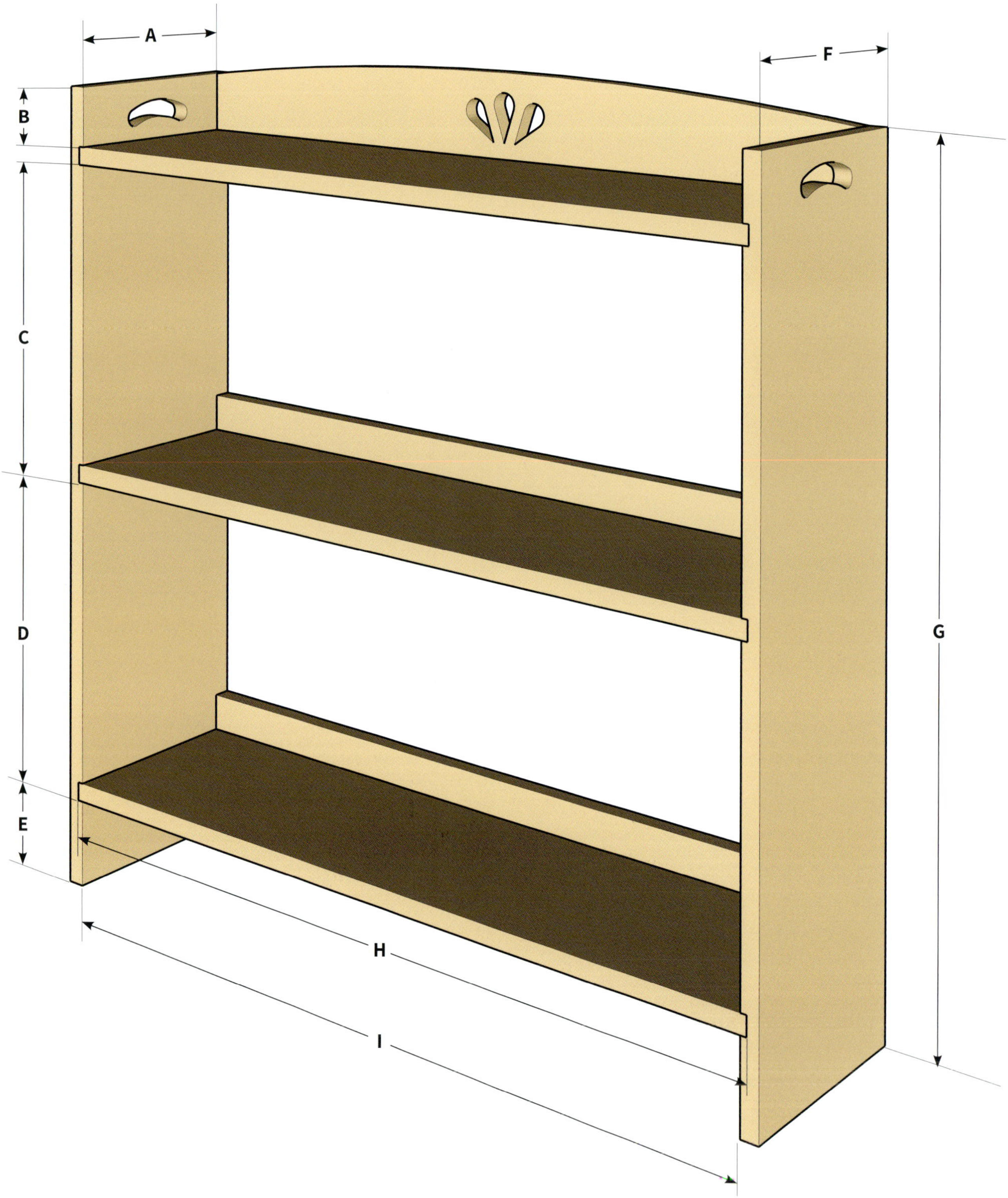

Seitenteile

Sehen Sie sich die Bretter, die Ihnen zur Verfügung stehen, genau an und verwenden Sie das beste, schönste Holz für das oberste Regalbrett und die Seitenteile. Damit die Teile stimmig zueinander passen, schneiden Sie die Seitenteile nach Möglichkeit aus demselben (größeren) Brett zu. Vergewissern Sie sich, dass die Seitenteile genau gleich lang sind, bevor Sie die Markierungen für die Nuten anbringen.

Wenn Sie die Seitenteile zum Markieren der Nuten nebeneinander auflegen, gehen Sie sicher, dass die Regalbretter genau waagrecht und gegenüber den Seitenteilen rechtwinklig angebracht werden. Damit die Nut gerade so breit wird, dass das Regalbrett hineinpasst, nehmen Sie ein Stück Restholz in der Stärke des Regalbretts zu Hilfe, um die zweite Kante der Nut zu markieren. Wir machen alle Markierungslinien für die Nuten mit dem Bleistift, kennzeichnen die Abfallbereiche (siehe unten, Abb. 4) und ziehen dann die Markierungslinien mit dem Messer nach. Das Messer durchtrennt die Holzfasern und sorgt beim Sägen und beim Ausstemmen des Abfallholzes aus der Nut für eine scharfe Kante. Bevor Sie zu sägen beginnen, markieren Sie die Tiefe der Nuten an den Kantenflächen der Seitenteile mit einem Streichmaß oder einem Kombiwinkel.

1

Markieren Sie eine Kante sämtlicher Nuten an den Seitenteilen mit einem Bleistift und einem Winkel. Machen Sie die Abfallbereiche kenntlich.

2

Verwenden Sie ein Reststück von demselben Holz, aus dem die Regalbretter zugeschnitten wurden, zum Markieren der Breite der Nuten.

3

Reißen Sie die Kanten der Nuten mit einem scharfen Messer an. Verlängern Sie die Markierung über die Kanten der Bretter, um die Tiefe der Nuten festzulegen.

4

So werden Breite und Tiefe der Nut deutlich markiert. Der Abfallbereich, der mit Säge und Stemmeisen entfernt werden muss, ist eindeutig zu erkennen.

Vertiefen Sie die mit dem Messer angerissenen Markierungslinien mit dem Stemmeisen. Schneiden Sie an der Innenkante der Nut entlang eine dünne Rille aus kleinen Keilen ins Holz, in der Sie das Sägeblatt platzieren können.

Nun schneiden Sie mit der Handsäge an beiden Rändern der Nut bis zu der an der Kante des Werkstücks markierten Tiefe. Schneiden Sie zunächst langsam und mit leichten Sägebewegungen, damit die Säge gerade schneidet und nicht von der Markierungslinie wegspringt.

Nehmen Sie scharfe Stemmeisen zur Hand, um das Abfallholz Stück für Stück aus der Nut zu entfernen.

Machen Sie Schnitte quer zur Nut, dann setzen Sie das Stemmeisen mit der Fase nach unten an und klopfen Sie mit dem Klüpfel auf das Heft. Entfernen Sie auf diese Weise an der gesamten Nut entlang ein Holzstück nach dem anderen und arbeiten Sie sich behutsam bis zur vorgesehenen Tiefe vor. Überprüfen Sie den Arbeitsfortschritt immer wieder mit dem auf 6 mm eingestellten Tiefenmaß des Kombiwinkels, bis eine Nut mit geradem, ebenem Boden quer über die Breite des gesamten Werkstücks verläuft.

Überprüfen Sie auch hier die Breite der Nut mit einem Reststück in der Stärke der Regalbretter. Es soll sich gut einpassen lassen, aber nicht zu fest sitzen.

5

Vertiefen Sie die Ränder der Nut mit dem Stemmeisen und dem Klüpfel.

6

Schneiden Sie an den Rändern der Nut entlang kleine Keile weg, sodass eine dünne Rille entsteht, in der Sie das Sägeblatt platzieren können.

7

Sägen Sie behutsam bis zur Tiefe der Nut, die an der Kante des Werkstücks markiert ist. Schneiden Sie immer auf der Abfallseite der Markierungslinie.

8

Machen Sie mit dem Stemmeisen Einschnitte quer zur Nut. Stemmen Sie von einem Ende der Nut bis zum anderen Holzstücke heraus. Wiederholen Sie diesen Vorgang, bis Sie die vorgesehene Tiefe der Nut erreicht haben.

9

Überprüfen Sie mit einem Reststück in der Stärke der Regalbretter, ob diese gut in die Nut hineinpassen.

Bogenförmige Grifflöcher

Als Nächstes markieren Sie die Umrisse der bogenförmigen Grifflöcher an den oberen Enden der Seitenteile. Am besten bohren Sie mit der Bohrmaschine je ein Loch mit 19 mm Durchmesser an den Enden der Bögen. So wird die Form der Ausschnitte gleichmäßiger, und zugleich entstehen Startlöcher, durch die Sie das Sägeblatt der Kopiersäge ziehen können, um das Abfallholz auszusägen.

Richten Sie das Sägeblatt der Kopiersäge so aus, dass die Zähne zum Griff zeigen und die Säge auf Zug schneidet. Um das Sägeblatt abzunehmen, müssen Sie bei den meisten Kopiersägen älterer Bauart den Handgriff lockern und den Rahmen der Säge zusammendrücken, bis sich das Blatt abnehmen lässt.

Wenn Sie das Abfallholz herausgeschnitten haben, glätten Sie den Ausschnitt mit Schleifpapier, Feilen oder Raspeln und entfernen Sie die Sägespuren.

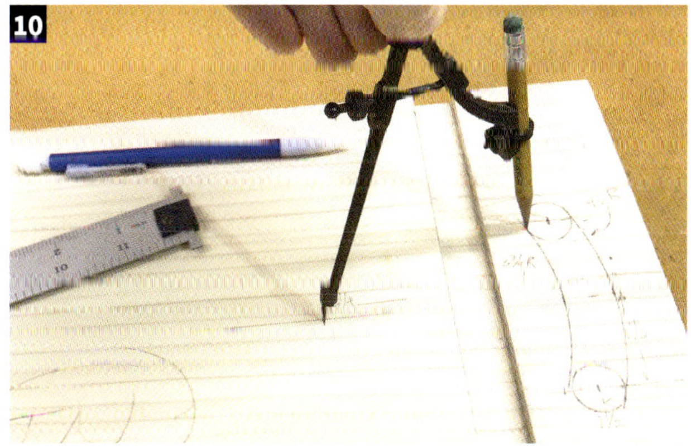

10 Zeichnen Sie die Umrisse der gebogenen Grifflöcher mit einem Zirkel auf das Holz. Bohren Sie an den Enden der Bögen je ein Loch, bevor Sie das restliche Abfallholz aussägen.

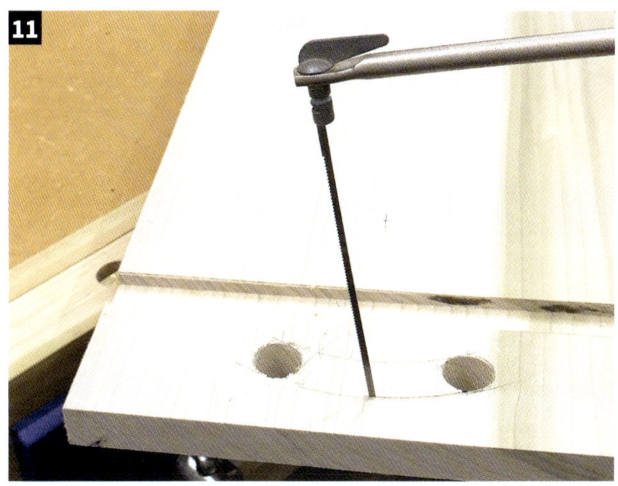

11 Mit einer Kopiersäge ist das Abfallholz zwischen den Bohrlöchern schnell ausgesägt. Entfernen Sie die Sägespuren mit Schleifpapier, Feilen oder Raspeln.

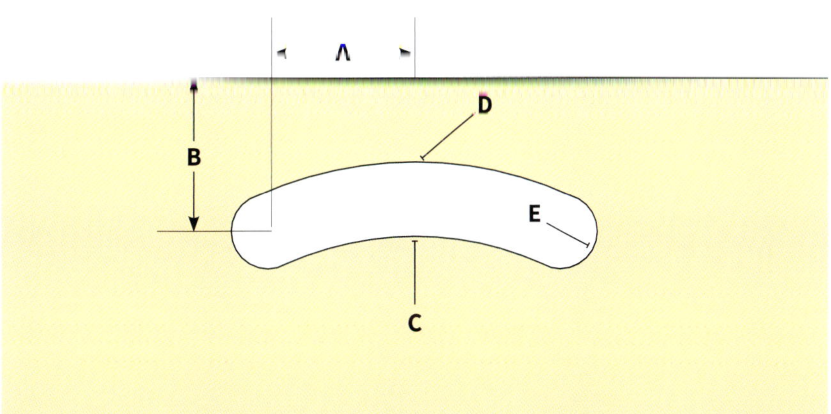

Griffloch – Maße

A 75 mm
B 38 mm
C 85 mm Radius
D 100 mm Radius
E 19 mm Radius

Regalbretter

Die Regalbretter brauchen Sie nur abzulängen. Dann passen Sie sie probeweise in die Nuten ein, bevor Sie den Leim auftragen. Markieren Sie die zusammengehörigen Bretter und Nuten und optimieren Sie die Passgenauigkeit; dadurch wird das Verleimen wesentlich erleichtert.

Geben Sie zunächst Leim in die Nuten an einem Seitenteil. Achten Sie darauf, dass sowohl die Wände als auch der Boden der Nuten mit Leim überzogen sind. Ein kleiner Einweg-Schaumgummipinsel eignet sich am besten dafür. Legen Sie den Seitenteil auf der Arbeitsfläche auf, sodass die Nuten nach oben zeigen. Klopfen Sie jedes Regalbrett behutsam in die Nuten und vergewissern Sie sich, dass es so tief wie möglich in der Nut steckt. Nun versehen Sie die Nuten auf dem anderen Seitenteil ebenso mit Leim und klopfen Sie ihn auf die Regalbretter. Stellen Sie das Regal aufrecht hin und bringen Sie an den Nutverbindungen Klemmen an. Beim Festziehen der Klemmen vergewissern Sie sich, dass die Anordnung rechtwinklig ist, indem Sie die Diagonalen abmessen; beide Diagonalen müssen gleich lang sein.

Während der Leim trocknet, können Sie die beiden Randleisten für die Rückseiten der beiden unteren Regalbretter ablängen. Lassen Sie sich Zeit und achten Sie auf eine gute Passgenauigkeit. Dann tragen Sie den Leim auf und fixieren Sie die Leisten mit Klemmen, sodass sie bündig mit den rückwärtigen Kanten des Regals abschließen.

Blende

Als Letztes wird die Blende angebracht. Längen Sie dazu ein Brett (19 x 100 mm) so ab, dass es an der Rückseite des obersten Regalbretts genau zwischen die Seitenteile passt. Markieren Sie die Oberkanten der Seitenteile an den Enden der Blende. Um den Verlauf der gebogenen Oberkante festzulegen, haben wir an diesen beiden Markierungen eine dünne Holzleiste festgeklemmt (Sie können auch eine 6-mm-Dübelstange nehmen). Markieren Sie den Mittelpunkt der Oberkante der Blende. Dann schieben Sie die dünne Leiste mit dem Finger nach oben, bis sie beim markierten Mittelpunkt die Oberkante der Blende erreicht. Fahren Sie mit einem Bleistift an der dünnen Leiste entlang. Die so entstandene Linie auf der Blende entspricht dem Verlauf der Oberkante.

Um das Abfallholz zu entfernen, haben wir von beiden Seiten in gerader Linie möglichst knapp an der Markierungslinie entlanggesägt. Mit einem scharfen Hobel, Raspeln und Schleifpapier haben wir weiter Holz weggenommen, bis eine gleichmäßig gerundete Oberkante entstanden war.

Das Blütenblättermuster in der Mitte der Blende erfordert weiteres Markieren und Bohren sowie ein paar Schnitte mit der Kopiersäge. Schneiden Sie sorgfältig und möglichst gerade, damit das ausgesägte Muster professionell wirkt. Entfernen Sie die Sägespuren mit dünnen Raspeln und Schleifpapier. Zuletzt leimen Sie die Blende fest. Schleifen Sie das Regal ab und bringen Sie ein Finish auf.

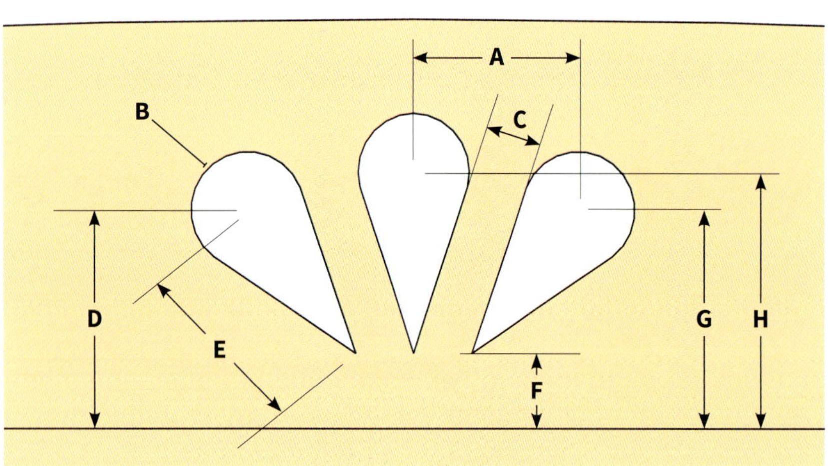

Blütenblätter – Maße

A	**38 mm**
B	**19 mm Ø**
C	**13 mm**
D	**46 mm**
E	**38 mm**
F	**16 mm**
G	**46 mm**
H	**55 mm**

Wenn Sie die Passgenauigkeit überprüft haben, tragen Sie Leim auf und fügen Sie die Regalbretter in die Nuten ein.

Fixieren Sie die Nutenverbindungen mit Klemmen. Die Bretter müssen genau in die Nuten passen und die Anordnung muss rechtwinklig sein.

Um die gebogene Oberkante der Blende zu markieren, nehmen Sie eine dünne Holzleiste zu Hilfe.

Nun schneiden Sie die gebogene Oberkante: Entfernen Sie den Großteil des Abfallholzes mit einer Handsäge. Bleiben Sie dabei immer auf der Abfallseite der Markierungslinie.

Eine schöne gebogene Oberkante können Sie mit einem Handhobel oder einer Kombination aus Feilen, Raspeln und Schleifklötzen erzeugen.

Markieren Sie die Umrisse der Ausschnitte. Bohren Sie Löcher, sägen Sie das restliche Abfallholz aus und entfernen Sie Sägespuren mit einer Raspel.

Die Randleisten sollen genau zwischen die Seitenteile passen. Leimen Sie diese Randleisten und die Blende fest und fixieren Sie sie mit Klemmen.

HOLZKASSETTE

Eine handliche Kassette zum Aufbewahren von Schmuck, Münzen oder anderen wichtigen Kleinigkeiten kann jeder brauchen. Diese Kassette ist mit wenigen einfachen Werkzeugen leicht herzustellen. Gleichzeitig können Sie ein besonders schönes Stück Holz wirkungsvoll in Szene setzen.

Dieses kleine, aber feine Projekt hat den Vorteil, dass Sie dafür nicht viel Material brauchen. Für die Seitenwände haben wir ein Stück Roteichenholz (*Quercus rubra*) mit den Maßen 915 x 100 x 13 mm genommen, für den Boden ein weiteres Stück Roteichenholz mit den Maßen 915 x 150 x 13 mm, für den Deckel ein Stück Kampferholz (*Cinnamon camphora*).

Holz für so kleine Projekte bekommen Sie im Bastelladen oder im Baumarkt. Sie können jede Holzart wählen, die Sie zur Verfügung haben. Auch den Deckel können Sie aus einem beliebigen Holz gestalten. Hier kann ein kontrastierendes oder ein besonders schönes Holz seinen großen Auftritt bekommen.

SIE BRAUCHEN DAZU:

SEITENWÄNDE
2 Bretter, 125 x 100 x 13 mm

VORDER- UND RÜCKWAND
2 Bretter, 200 x 100 x 13 mm

BODEN
1 Brett, 200 x 135 x 6 mm

DECKEL
1 Brett, 210 x 160 x 15 mm (Oberteil)
1 Brett, 180 x 35 x 6 mm (Unterteil)

- Gehrungslade oder Kunststoff-Anschlagwinkeldreieck
- Streichmaß oder Kombinationswinkel
- Messer
- Handsäge
- Handhobel oder Schleifpapier
- Klemmen
- Stemmeisen
- Holzleim
- Oberflächenbehandlungsmittel

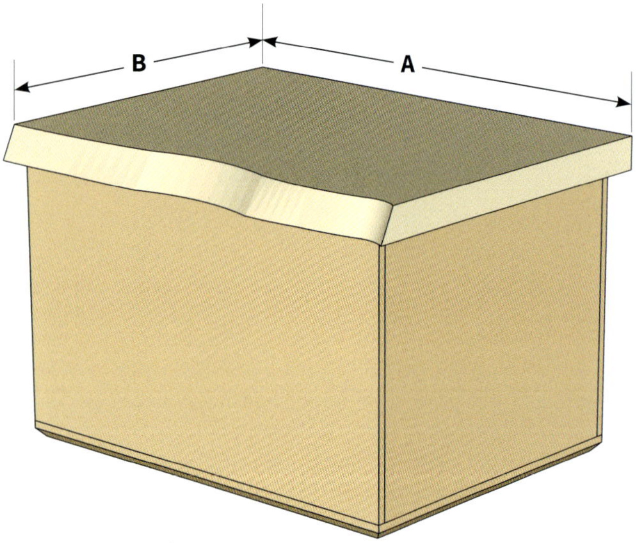

Holzkassette – Maße

A 190 mm
B 145 mm
C 105 mm
D 6 mm
E 147 mm
F 13 mm
G 6 mm
H 125 mm
I 100 mm
J 180 mm
K 135 mm
L 3 mm

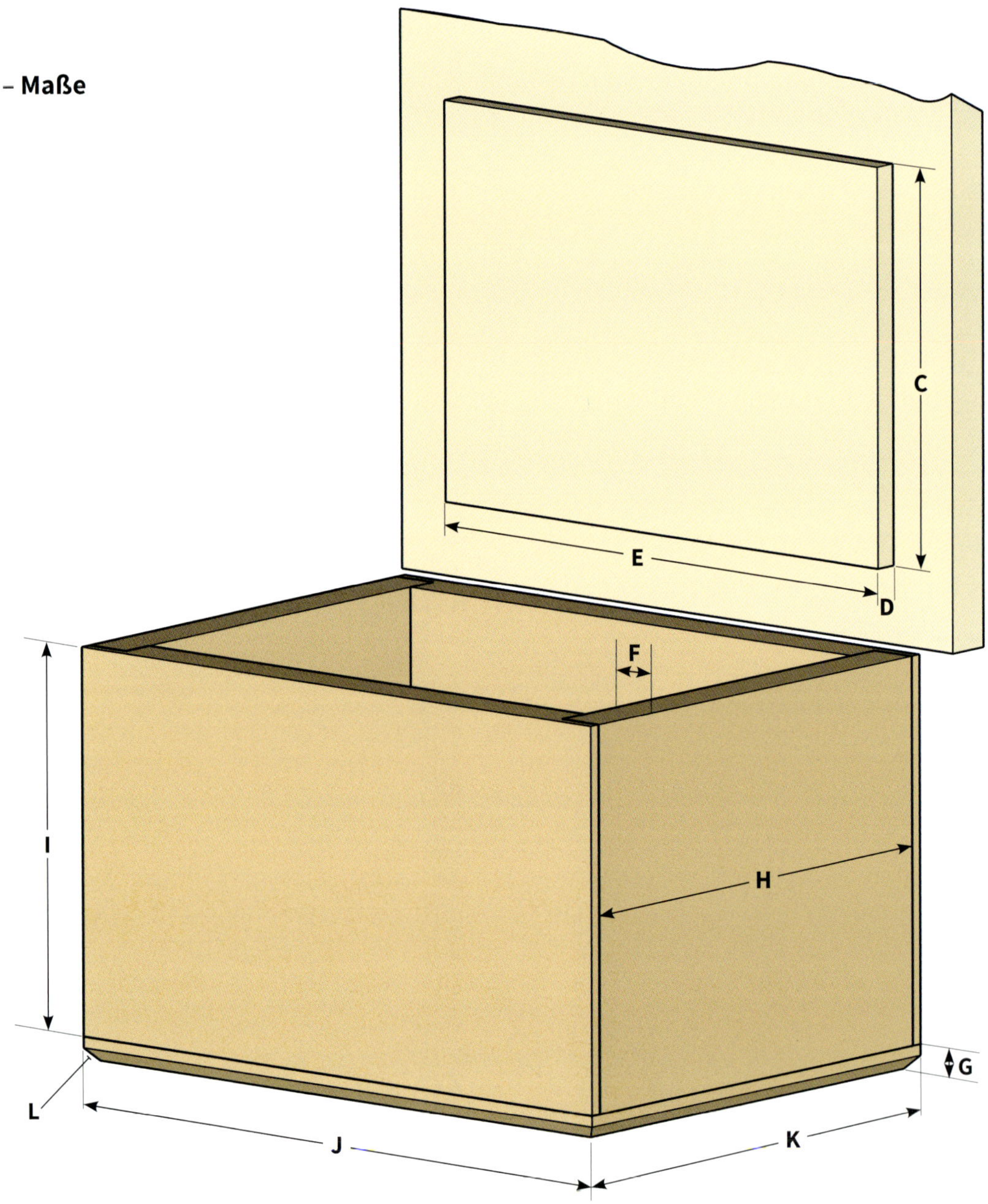

Seitenwände, Vorder- und Rückwand

Um Ihnen Zeit und Sägearbeit zu ersparen, haben wir diese Kassette so konzipiert, dass ihre Höhe der Breite der Bretter für die Kassettenwände entspricht. Mit anderen Worten: Die Kassette ist 100 mm hoch; dies entspricht der Breite des 13 mm starken Roteichenbretts, das wir gekauft haben. Wenn Ihre Kassette niedriger als die Breite der verwendeten Bretter sein soll, müssen Sie diese mit der Handsäge zurechtschneiden.

Damit Ihnen beim Ablängen der Bretter gerade, rechtwinklige Schnitte gelingen, können Sie eine Gehrungslade verwenden, die Sie für wenig Geld im Baumarkt bekommen. Sie müssen das Werkstück beim Sägen nur gut festhalten. Auch ein Anschlagwinkeldreieck sorgt für gerade, rechtwinklige Schnitte. Es sollte unbedingt aus Kunststoff sein, damit die Sägezähne nicht beschädigt werden.

Wenn Sie die richtige Länge markiert haben, ziehen Sie mit dem Winkel eine Linie quer über das Brett.

Damit beim Sägen eine saubere Kante entsteht, reißen Sie die Markierungslinie mit dem Messer ab.

Eine Gehrungslade sorgt für rechtwinklige Schnitte. Halten Sie das Werkstück beim Sägen gut fest.

Stattdessen können Sie ein Anschlagwinkeldreieck aus Kunststoff verwenden.

Wenn Sie ein Brett das erste Mal ansägen, schneiden Sie am Ende ein kleines Stück ab, um sicherzugehen, dass es rechtwinklig ist. Dann messen Sie die Länge des Teiles ab und kennzeichnen Sie die Abfallseite der Markierung mit einem X. Ziehen Sie mit einem Winkel bei der Markierung eine Bleistiftlinie quer über das Brett. Nun reißen Sie die Linie mit einem scharfen Messer und einem Winkel an.

Um nicht versehentlich in die Werkbank hineinzuschneiden, legen Sie ein Stück Restholz zwischen Werkbank und Werkstück. Dann längen Sie mithilfe einer Gehrungslade oder eines Anschlagwinkeldreiecks die Vorder- und Rückwand sowie die Seitenwände der Kassette ab. Stapeln Sie die Seitenteile übereinander und fixieren Sie sie mit Klemmen. Hobeln Sie die Enden glatt und bündig ab. Wenn Sie einen scharfen Handhobel haben, stellen Sie ihn so ein, dass er ganz dünne Späne abschneidet, damit er das Hirnholz bewältigt. Wenn Sie die Sohle des Hobels mit Kerzenwachs oder Paraffin einreiben, gleitet er besser. Statt einem Hobel können Sie auch Schleifklötze verwenden.

Die Ecken werden mit Falzverbindungen zusammengefügt (siehe Seite 94). In unserem Fall wird die „Stufe“ (der Falz) in die Vorder- und Rückwand geschnitten, die Seitenwände werden jeweils in den Falz eingefügt. Da wir 13 mm dicke Hölzer verwenden, muss der Falz eine Spur breiter als 13 mm sein. Dadurch bleibt ein kleiner Überstand, der nach dem Zusammenbau bündig abgeschliffen oder abgehobelt wird. Die Falztiefe beträgt 10 mm; damit bleiben nur 3 mm Holz am Boden des Falzes. An den Ecken ist also nur ganz wenig Hirnholz zu sehen; die Kassette sieht dadurch edler aus.

Der Falz lässt sich am leichtesten schneiden, indem Sie am Werkstück eine Linie für die Seite und eine weitere für den Boden des Falzes anreißen. Dazu eignet sich entweder ein Streichmaß oder ein scharfes Messer in Kombination mit einem verstellbaren Winkel. Kennzeichnen Sie den Abfallbereich mit einem Bleistift. Nehmen Sie ein Anschlagwinkeldreieck oder eine Gehrungslade zu Hilfe, um die Säge auf der Abfallseite der angerissenen Markierungslinie in Position zu bringen. Schneiden Sie langsam und vorsichtig bis zu der Linie, die den Boden des Falzes markiert; überprüfen Sie immer wieder den Arbeitsfortschritt. Durch diesen Schnitt wird die Seitenwand des Falzes sichtbar. Setzen Sie noch weitere Schnitte im Abfallbereich und entfernen Sie das Abfallholz mit einem Stemmeisen. „Hobeln“ Sie behutsam das Abfallholz am Boden des Falzes weg und orientieren Sie sich dabei an der angerissenen Linie. Überprüfen Sie mithilfe eines Seitenteils die Passgenauigkeit und schneiden Sie den Falz zurecht, bis die Teile genau zusammenpassen.

Wenn der Falz an allen vier Kanten geschnitten ist, fügen Sie die Teile probeweise zusammen, um die Passgenauigkeit zu überprüfen. Wenn Sie mit den vier Falzverbindungen zufrieden sind, verleimen Sie die Teile und fixieren Sie sie mit Klemmen. Überprüfen Sie mit einem Winkel, ob die Wände der Kassette rechtwinklig sind.

Hobeln oder schleifen Sie die Enden glatt und rechtwinklig ab. Vorsicht: Kanten nicht abrunden!

Hier wird mit einem Streichmaß die Tiefe des Falzes markiert.

7

Wenn Sie mit einem scharfen Messer eine Markierungslinie anreißen müssen, hilft ein Kombiwinkel.

8

Markieren Sie den Rand des Falzes durch Einritzen einer Linie. Dann fixieren Sie ein Geo-Dreieck mit einer Klemme, sodass es an der eingeritzten Linie anliegt, und schneiden Sie bis hinunter zu der Linie, die den Boden des Falzes markiert.

9

Das Abfallholz lässt sich zum Großteil mit einem Stemmeisen aus dem Falz herausstemmen. Geben Sie acht, dass Sie den verbleibenden dünnen Steg nicht beschädigen.

10

Schneiden Sie das Abfallholz bis zu den Linien weg, die den Boden des Falzes markieren, bis der Boden eben und rechtwinklig ist. Überprüfen Sie, ob der Seitenteil genau in den Falz passt.

11

Wenn Sie mit der Passgenauigkeit aller Teile zufrieden sind, tragen Sie auf beide Innenflächen jedes Falzes eine dünne Leimschicht auf.

12

Bringen Sie quer über die Seitenflächen eine Klemme an und montieren Sie weitere Klemmen, die die Vorder- und die Rückwand an den Ecken fixieren.

Boden und Deckel

Wenn der Leim getrocknet ist, können Sie den Boden und den Deckel der Kassette in Angriff nehmen. Der Boden ist nichts anderes als ein 6 mm starkes Brett, das auf die Unterseite der Kassette passt. Ziehen Sie den Umriss der Kassette auf dem Brett nach und schneiden Sie den Boden direkt außerhalb der Umrisslinie aus.

Der Deckel besteht aus zwei Teilen. Der untere Teil wird ebenfalls aus dem 6 mm starken Material hergestellt. Er sorgt dafür, dass der geschlossene Deckel nicht von der Kassette herunterrutscht. Ziehen Sie den inneren Umriss der Kassette auf dem 6 mm starken Holz nach und schneiden Sie an dieser Linie entlang. Vergewissern Sie sich, dass der Teil mit einem ganz geringen Spielraum in die Kassette passt. Schleifen Sie alle Kanten glatt ab.

Nun können Sie den Boden an der Kassette festleimen. Wenn der Leim getrocknet ist, schleifen oder hobeln Sie die Kanten bündig ab. Damit der Boden ein bisschen dünner aussieht, fasen Sie alle unteren Außenkanten der Kassette mit dem Handhobel (oder einem Schleifklotz) in einem Winkel von 45° ab.

Für den Oberteil (den hauptsächlichen Teil) des Deckels suchen Sie ein schönes Stück Holz aus, das mindestens 13 mm länger und breiter ist als die Kassette. Der Deckel ragt also an allen Seiten um 6 mm über die Kassette hinaus. Schleifen Sie den Deckel-Oberteil glatt ab, bevor Sie den 6 mm starken Unterteil auf seine Unterseite leimen. Dabei müssen Sie nur darauf achten, dass Sie den dünnen Unterteil genau auf dem Oberteil zentrieren. Wenn der Leim trocken ist, überprüfen Sie, ob der Deckel genau auf die Kassette passt. Wenn er zu knapp sitzt, schleifen Sie die Kanten des Deckel-Unterteils etwas zurück. Nach einem letzten Abschleifen mit einer Körnung von mindestens 150 tragen Sie ein Finish auf. Wir empfehlen ein Öl/Wachs-Finish, Sie können aber auch ein anderes wählen, das Ihrem persönlichen Geschmack entspricht.

Ziehen Sie den äußeren Umriss der Kassette auf dem 6 mm starken Brett nach und schneiden Sie den Boden direkt außerhalb der Umrisslinie aus.

Bevor Sie den Boden festleimen, ziehen Sie den inneren Umriss der Kassette auf dem 6 mm starken Holz nach und schneiden Sie an dieser Linie entlang den Unterteil des Deckels aus.

15

Leimen Sie den Boden an der Kassette fest und schleifen oder hobeln Sie die Kanten bündig mit den Wänden der Kassette ab. Erzeugen Sie mit Schleifpapier oder mit dem Hobel eine 3-mm-Fase rund um die Unterkante.

16

Der Deckel soll etwa 13 mm länger und breiter sein als die Kassette. Zentrieren Sie den Deckel-Unterteil auf der Unterseite des Deckel-Oberteils und leimen Sie ihn fest.

17

Bringen Sie ein Finish Ihrer Wahl auf. Unser Tipp: Eine geölte Oberfläche bringt die Maserung besonders plastisch zur Geltung. Ein bis zwei Wachsüberzüge sorgen für einen schönen Glanz.

Die fertige Kassette

TISCH

Dieser kleine Tisch aus Kiefernholz ist das perfekte Übungsstück, an dem Sie Ihre Beherrschung des traditionellen Tischlerhandwerks unter Beweis stellen können. In eine Studentenbude passt er ebenso wie in fast jeden Raum einer größeren Wohnung.

Hier erhalten Sie Gelegenheit, Ihre Fertigkeiten im Herstellen von Schlitz- und Zapfenverbindungen (siehe Seite 84) auszubauen, verjüngte Tischbeine zu schneiden und glatt zu hobeln. Sie werden feststellen, dass eine abgefaste Kante an der Tischplatte leichter herzustellen ist, als Sie vielleicht geglaubt haben. Nehmen Sie sich Zeit und lassen Sie den Arbeitsvorgang zum Erlebnis werden. Auf das fertige Möbelstück, das von Ihren Fertigkeiten Zeugnis ablegt, können Sie dann zu Recht stolz sein.

Die Tischbeine wurden aus Kanthölzern mit einem Querschnitt von 38 x 38 mm aus dem Baumarkt gefertigt, die Zargen aus Brettern mit einem Querschnitt von 19 x 63 mm. Die Tischplatte entstand aus einer einzigen kantengeleimten Platte, die wir auf das richtige Format zurechtgeschnitten haben.

SIE BRAUCHEN DAZU:

TISCHBEINE
4 Kanthölzer, 430 x 38 x 38 mm

KURZE ZARGEN
2 Bretter, 299 x 63 x 19 mm

LANGE ZARGEN
2 Bretter, 460 x 63 x 19 mm

TISCHPLATTE
1 Platte, 610 x 399 x 19 mm

KLÖTZE
4 Teile, 100 x 19 x 19 mm

- 8 Flachkopfschrauben, 6 mm
- Klüpfel
- Streichmaß oder Kombiwinkel
- Messer
- Handsäge
- Bohrmaschine
- Stemmeisen
- Handhobel oder Schleifpapier
- Klemmen
- Holzleim
- Oberflächenbehandlungsmittel

Tisch – Maße

A 610 mm
B 399 mm
C 430 mm
D 150 mm
E 349 mm
F 560 mm

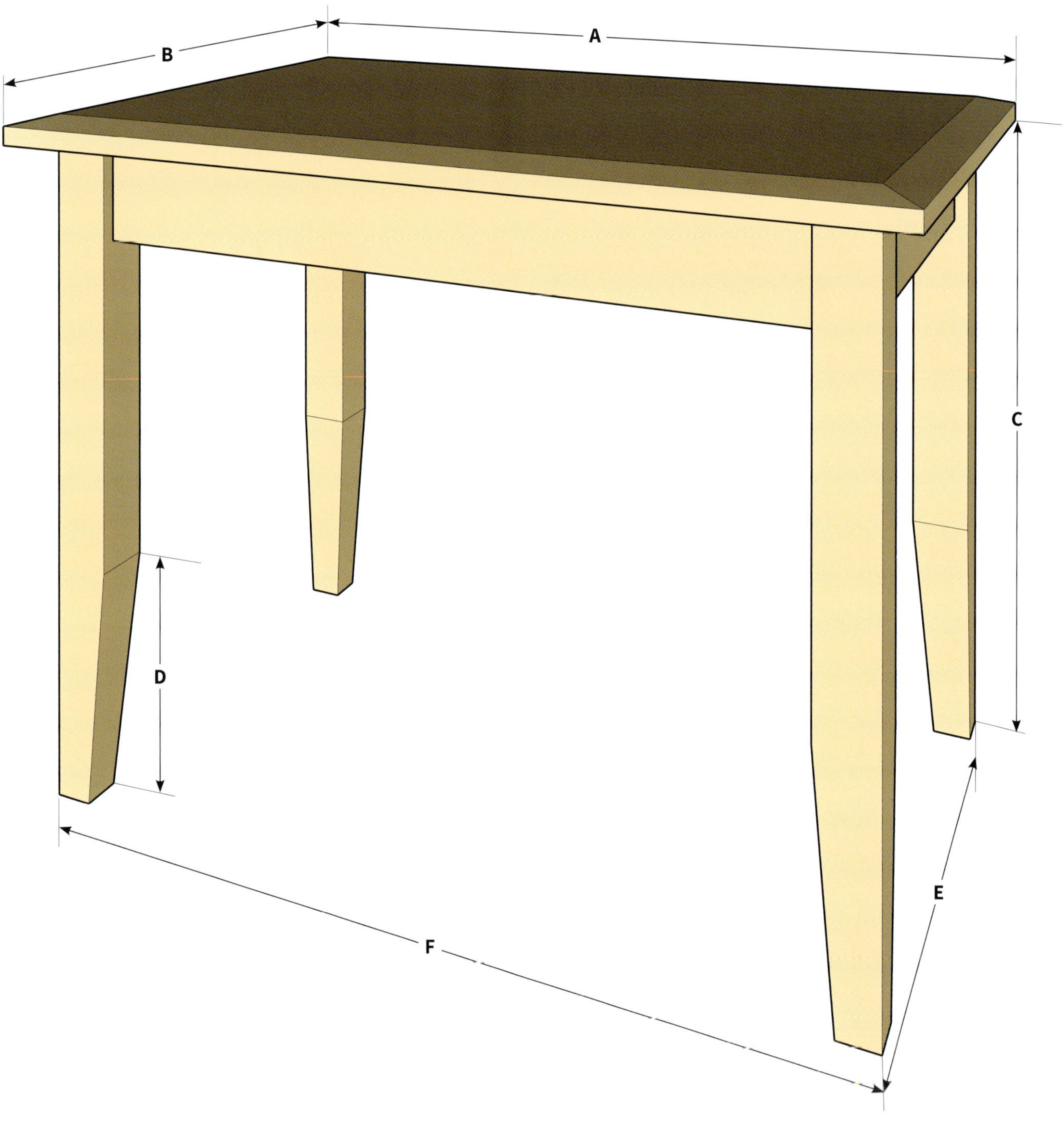

Schneiden Sie alle vier Tischbeine auf dieselbe Länge zu, bevor Sie die Schlitze und die Verjüngungen markieren.

Legen Sie die Beine nebeneinander auf und markieren Sie den Beginn der Verjüngung und die Länge der Schlitze.

Markieren Sie die Breite des Schlitzes (10 mm) mit einem Streichmaß oder einem Kombiwinkel von beiden Seiten aus, um ihn auf der Seitenfläche zu zentrieren.

Tischbeine

Schneiden Sie die vier Tischbeine auf eine Länge von 430 mm zu. Die vier Beine sind identisch; damit jedoch die Schlitze für die Zapfen und die Verjüngungen bei jedem Bein an der richtigen Seitenfläche gearbeitet werden, ist sorgfältiges Markieren angesagt. Sowohl die Verjüngungen als auch die Schlitze befinden sich jeweils auf zwei benachbarten Seitenflächen.

Nehmen Sie jede Möglichkeit wahr, die Teile beim Markieren nebeneinander aufzulegen, damit sich die Schlitze und Verjüngungen in einer Linie befinden. Mit den ersten Markierungen bestimmen Sie die Platzierung und die Enden der Schlitze sowie den Beginn der Verjüngung. Drehen Sie die Beine um 90° und bringen Sie an den benachbarten Seitenflächen identische Markierungen an.

Die Breite des Schlitzes entspricht der Breite des Stemmeisens, das zum Ausstemmen verwendet wird (in unserem Fall 10 mm). Sie können mit einem Streichmaß oder einem Kombiwinkel von beiden Seiten messen, um den Schlitz auf der Seitenfläche zu zentrieren. Wir ziehen alle Markierungslinien mit dem Messer nach, damit später beim Herausstemmen des Abfallholzes saubere Kanten entstehen.

Nun markieren Sie die Verjüngungen, und zwar an den richtigen Seitenflächen. Das ist gar nicht so einfach! Vom unteren Ende des Tischbeins gemessen, ist die Verjüngung 150 mm lang. Bringen Sie in 13 mm Abstand von der Seitenfläche eine Markierungslinie auf der unteren Hirnholzfläche des Tischbeins an. Hier beginnt die Verjüngung. Verbinden Sie den Endpunkt dieser Linie mit der Markierung an der Kante des Tischbeins in 150 mm Höhe. Kennzeichnen Sie den Abfallbereich. Drehen Sie das Tischbein um 90° und wiederholen Sie den Vorgang an der angrenzenden Seitenfläche. Verlängern Sie die Linien quer über die Hirnholzfläche zur gegenüberliegenden Seitenfläche. Lassen Sie sich nicht verwirren – wenn Sie an einem Bein alle Linien gezogen haben, wird Ihnen der Rest leichtfallen.

Entfernen Sie den Großteil des Abfallholzes bei den Verjüngungen mit der Handsäge. Versuchen Sie, nicht über die Markierungslinie in 150 mm Höhe hinauszuschneiden. Wenn der Schnitt etwas unterhalb dieser Linie endet oder wenn ein Restholzgrat übrig bleibt, können Sie dies mit dem Handhobel ausgleichen. (Auch wenn Sie doch über die Markierungslinie bei 150 mm hinausschneiden, ist nicht alles verloren – schlimmstenfalls müssen Sie beim Glatthobeln sämtliche Verjüngungen gleichmäßig nach oben verlängern.) Nun klemmen Sie ein Bein an der Werkbank fest und hobeln Sie an der Verjüngung entlang. Mit einem scharfen Handhobel geht das recht flott. Begradigen Sie zunächst die Unebenheiten und machen Sie nach und nach immer längere Hobelbewegungen, bis der Hobelspan so lang ist wie die ganze Verjüngung bis zur Markierungslinie.

Bringen Sie 13 mm von der Seitenfläche eine Markierungslinie auf der unteren Hirnholzfläche des Tischbeins an, verbinden Sie den Endpunkt dieser Linie mit der Markierung in 150 mm Höhe und …

… verlängern Sie die Linien zur gegenüberliegenden Seitenfläche. Ungefähr so sollten die Markierungslinien an einem Tischbein aussehen, bevor Sie beginnen, die Verjüngung zu schneiden.

Schneiden Sie die Verjüngung mit der Handsäge. Versuchen Sie, nicht über die Markierungslinie in 150 mm Höhe hinauszuschneiden.

Bearbeiten Sie die Verjüngung mit dem Hobel nach, bis sie gerade und glatt ist. Begradigen Sie zunächst die Unebenheiten, dann machen Sie längere Hobelbewegungen bis zu den Markierungslinien.

Nun kommen die Schlitze dran. Ein Trick zur Erleichterung der Arbeit besteht darin, den Großteil des Abfallholzes herauszubohren. Da die Schlitze jedoch nur 13 mm tief sind und Kiefernholz relativ weich ist, lässt sich das Holz auch mit einem Stemmeisen leicht entfernen.

Vertiefen Sie die Schmalseiten der Schlitze mit Stemmeisen und Klüpfel. Hier brauchen Sie nicht ängstlich zu sein: Schlagen Sie ein paarmal kräftig auf das Heft. Damit sind die Holzfasern durchtrennt und das Entfernen der Abfallholzstückchen wird erleichtert. Beim Vertiefen der Längsseiten (Wangen) müssen Sie größere Vorsicht walten lassen. Treiben Sie das Stemmeisen nicht zu fest ins Holz, damit es sich nicht spaltet, sondern klopfen Sie vorsichtig auf das Heft.

Wenn Sie den Umriss vertieft haben, machen Sie mit Stemmeisen und Klüpfel auf der ganzen Länge des Schlitzes Einschnitte quer über den Abfallbereich. Dann drehen Sie die Fase des Stemmeisens nach unten und stemmen Sie die Holzstücke mithilfe des Klüpfels heraus. Wiederholen Sie diesen Schritt, bis Sie die volle Tiefe von 13 mm erreicht haben. Überprüfen Sie den Arbeitsfortschritt immer wieder mit dem Kombiwinkel. Wenn Sie den Schlitz an der benachbarten Seitenfläche ausstemmen, kann es durchaus sein, dass der neue auf den zuvor ausgestemmten Schlitz trifft. Das ist kein Fehler. Ihr Ziel ist ein 13 mm tiefer Schlitz mit glatten, ebenen Wangen.

Vertiefen Sie die Schmalseiten der Schlitze mit Stemmeisen und Klüpfel. Die Fase zeigt dabei zum Schlitz.

Vertiefen Sie die Längsseiten des Schlitzes. Hier dürfen Sie nicht zu fest auf das Heft des Stemmeisens schlagen, um das Holz nicht zu spalten!

Machen Sie auf der ganzen Länge des Schlitzes Einschnitte quer über den Abfallbereich. Dann drehen Sie die Fase des Stemmeisens nach unten und stemmen Sie die Holzstücke mithilfe des Klüpfels heraus.

Beim Herausstemmen des Abfallholzes überprüfen Sie den Arbeitsfortschritt immer wieder mit dem auf 13 mm eingestellten Kombiwinkel.

Zargen

Die vier Zargen verbinden die Tischbeine und bilden eine stabile Auflage für die Tischplatte. Nehmen Sie sich wieder Zeit und arbeiten Sie genau – gut gefertigte, passgenaue Schlitz- und Zapfenverbindungen sind auch hier das Um und Auf. Sie können einen Übungszapfen schneiden, bevor Sie die Zapfen an den Zargen in Angriff nehmen.

Die 10 mm breiten und 13 mm langen Zapfen an den Zargen passen in die Schlitze an den Tischbeinen. Die langen Zargen messen 460 mm, die kurzen Zargen 299 mm; dabei ist der 13 mm lange Zapfen an jedem Ende eingerechnet. In zusammengebautem Zustand beträgt die Länge zwischen den Tischbeinen 430 mm und die Breite zwischen den Tischbeinen 274 mm.

Mit den ersten Schnitten werden die Schultern und die Länge des Zapfens an allen vier Flächen der Zarge festgelegt. Eine kleine Säge eignet sich dafür am besten. Als Nächstes führen Sie die vier Schnitte aus, die die Breite und die Dicke des Zapfens festlegen. Überprüfen Sie die Passgenauigkeit mit einem Schlitz in einem der Tischbeine und nehmen Sie bei Bedarf mit einem Stemmeisen oder einem Schleifklotz Korrekturen am Zapfen vor, bis die Teile exakt passen. Es ist von Vorteil, die Teile zu markieren und die Passgenauigkeit desselben Zapfens nach jeder Korrektur beim selben Schlitz zu überprüfen. Wenn Sie mit der Passgenauigkeit zufrieden sind, gehen Sie zum nächsten Zapfen über.

Beim Zusammenbau der Zargen behandeln Sie jedes Beinpaar und die dazwischenliegende Zarge als separate Anordnung. Verleimen Sie jeweils ein Beinpaar und die dazugehörige kurze Zarge. Wenn der Leim trocken ist, führen Sie diese beiden Anordnungen mithilfe der langen Zargen zusammen. Wenn Sie die Klemmen angebracht haben, überprüfen Sie die Rechtwinkligkeit, indem Sie nachmessen, ob die beiden Diagonalen gleich lang sind.

Schneiden Sie die Zargen auf die endgültige Länge zu. Dann markieren Sie mit einem Streichmaß auf allen vier Flächen die Schulter des Zapfens. Ziehen Sie die Markierungslinien mit einem Messer und einem Winkel nach.

Um die Dicke des Zapfens (10 mm) zu markieren, nehmen Sie ein Zapfenstreichmaß oder ein normales Streichmaß.

Wenn Sie die Abfallbereiche und die Zapfen markiert haben, können Sie die Zapfen schneiden.

Mit Sägeschnitten an allen vier Flächen werden die Schultern des Zapfens herausgearbeitet.

16

Arbeiten Sie mit zwei senkrechten Schnitten die Breite des Zapfens heraus. Schneiden Sie nur bis zur Schulterlinie!

17

Nun fehlen noch die beiden Schnitte, die die Dicke des Zapfens bestimmen.

18

Überprüfen Sie, ob der Zapfen in den Schlitz am Tischbein passt. Beschriften und bearbeiten Sie jede Holzverbindung einzeln. Nehmen Sie mit einem Stemmeisen oder einem Schleifklotz Holz weg, bis die Teile genau passen.

19

Stellen Sie jeweils eine kurze Zarge mit einem Beinpaar zu einer Anordnung zusammen. Achten Sie auf die Ausrichtung der Beine: Die Verjüngungen sind der Innenseite der Zargen zugewendet.

20

Führen Sie die Bein-Anordnungen zusammen und verleimen Sie die Holzverbindung.

21

Um festzustellen, ob die Anordnung rechtwinklig ist, messen Sie nach, ob die Diagonalen gleich lang sind.

Tischplatte anbringen

Nachdem wir unsere kantengeleimte Kiefernholzplatte aus dem Baumarkt (ca. 405 x 1220 mm) auf die richtige Größe zugeschnitten und die Kantenflächen gerade und glatt gehobelt hatten, wurde die flache, 25 mm breite und 6 mm tiefe Fase entlang der Kanten markiert.

Um das Hobeln der Fase zu erleichtern, klemmen Sie die Platte fest, sodass sie über die Werkbank vorsteht. Nehmen Sie den Handhobel, schneiden Sie die scharfe Kante weg und arbeiten Sie sich bis zu den Markierungslinien vor. Drehen Sie die Platte und wiederholen Sie den Vorgang an allen vier Kanten. Wenn Sie fertig sind, sollte an den Ecken, wo die Fasen aufeinandertreffen, eine scharfe Linie im Winkel von 45° zu sehen sein.

Um die Platte an den Zargen zu befestigen, haben wir aus Restholz (Querschnitt 19 x 19 mm) vier kleine Klötze in einer Länge von 100 mm zugeschnitten

22

Ritzen Sie etwa 6 mm von der Tischoberfläche eine Linie in alle vier Kanten der Tischplatte. Lassen Sie dabei Ihre Finger als „Führung" an der Kante entlanggleiten (siehe Foto).

23

Ziehen Sie mit Bleistift und Kombiwinkel eine Linie, die 25 mm von allen vier Kanten entfernt rund um die Oberfläche der Tischplatte verläuft.

24

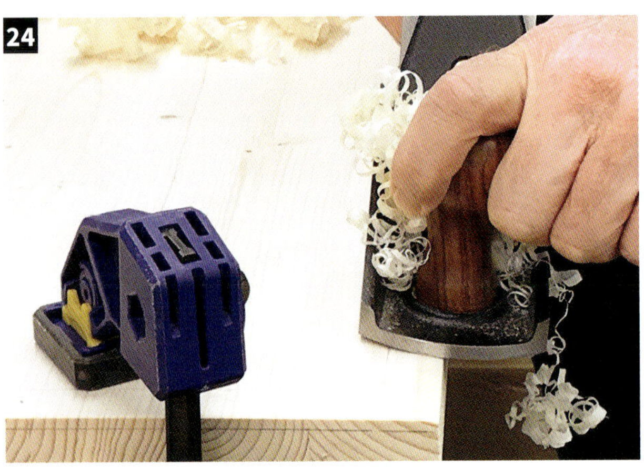

Fixieren Sie die Tischplatte an Ihrer Werkbank und beginnen Sie mit einem Handhobel die Kanten abzufasen. Wenn die Hobelbewegungen ausladender werden, orientieren Sie sich an den zuvor angebrachten Markierungslinien.

25

Wenn Sie alle vier Kanten abgefast haben, sollte an jeder Ecke eine scharfe Linie im Winkel von 45° zu sehen sein.

und in jeden Klotz zwei Schraubenlöcher gebohrt. Bevor Sie die Klötze an den Zargen zentrieren und bündig mit der Oberkante an jeder Zarge festschrauben, bohren Sie in die benachbarte Seitenfläche an jedem Klotz ein mittiges, extragroßes Schraubenloch zum Festschrauben der Tischplatte.

Dank diesen Löchern kann die Tischplatte sich bei Temperaturschwankungen ausdehnen und schrumpfen, ohne dass Sprünge entstehen.

Wenden Sie die Tischplatte und legen Sie sie mit der Oberseite nach unten auf die Werkbank. Zentrieren Sie die Zarge auf der Unterseite der Platte. Zum Befestigen drehen Sie Schrauben in die Löcher in den Klötzen.

Zum Schluss schleifen Sie das ganze Werkstück ab und bringen Sie ein Finish Ihrer Wahl auf.

26

Schneiden Sie vier Klötze zurecht. Bohren Sie in eine Seitenfläche zwei Schraubenlöcher, um die Klötze an den Zargen zu befestigen. In die benachbarte Seitenfläche bohren Sie ein extragroßes Loch zum Festschrauben der Tischplatte.

27

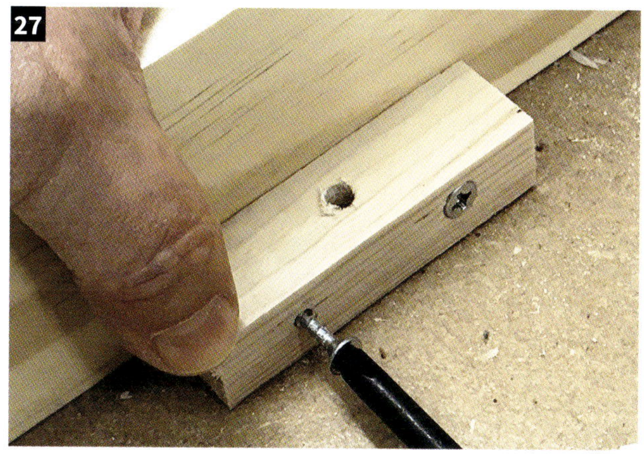

Schrauben Sie die Klötze mit Flachkopfschrauben bündig mit der Oberkante an den Zargen fest. Zentrieren Sie die Klötze vorher der Länge nach an den Zargen und richten Sie das extragroße Schraubenloch senkrecht aus.

28

Legen Sie die Tischplatte mit der Oberseite nach unten auf die Werkbank und befestigen Sie sie an der Zarge, indem Sie Flachkopf-Holzschrauben in die Löcher in den Klötzen drehen.

Der fertige Tisch

WERKZEUGKISTE

Um Heimwerkerutensilien, Malsachen oder andere Gerätschaften zu verwahren und herumzutragen, ist diese praktische Kiste gerade das Richtige. Die Herstellung könnte gar nicht leichter sein. Sie brauchen dazu nur ein Brett aus Kiefernholz und eine Dübelstange. Für jugendliche Einsteiger eignet sich dieses Projekt in besonderer Weise.

An Material brauchen Sie ein Kiefernholzbrett aus dem Baumarkt, das 19 mm dick, im Idealfall 235 mm breit und mindestens 2440 mm lang sein muss. Die Teile werden mit genagelten Stoßverbindungen (siehe Seite 72) zusammengebaut. Es wird kein Leim benötigt. Der Bereich rund um den Griff wird mit einer Kopiersäge abgerundet. Dabei können Sie Ihre Fertigkeit im Umgang mit diesem Werkzeug ausbauen.

SIE BRAUCHEN DAZU:

BODEN
1 Brett, 443 x 235 x 19 mm

SEITEN
2 Bretter, 485 x 235 x 19 mm

STIRNSEITEN
2 Bretter, 405 x 235 x 19 mm

GRIFFSTANGE
1 Dübelstange, 466 mm lang, 19 mm Ø

- Kunststoff-Anschlagwinkeldreieck oder Gehrungslade
- Kombiwinkel
- Handsäge
- Kopiersäge
- Zirkel oder Kreisschablone mit 75 mm Ø
- Forstner- oder Flachfräsbohrer, 19 mm
- Bohrmaschine
- Nägel, 38 mm lang
- Hammer
- Klemmen
- Handhobel oder Schleifpapier

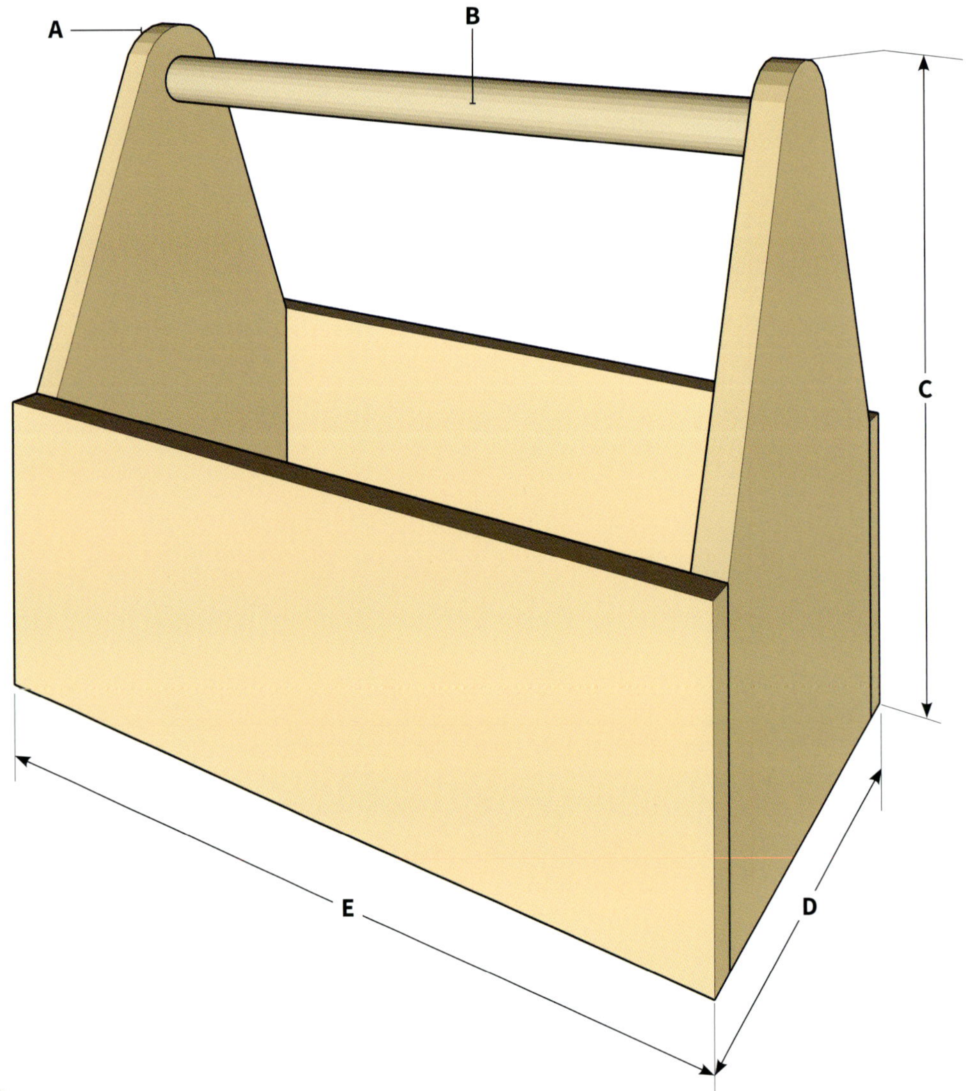

Werkzeugkiste – Maße

A 38 mm Radius
B Dübelstange, 19 mm Ø
C 405 mm
D 235 mm
E 443 mm

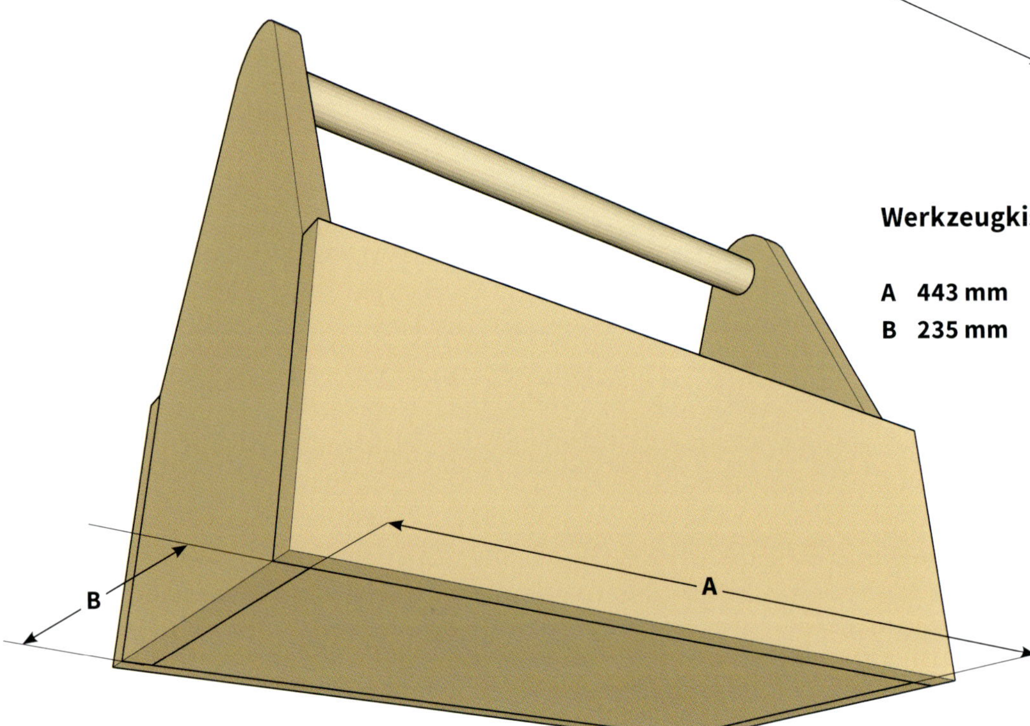

Werkzeugkiste – Boden

A 443 mm
B 235 mm

Boden, Seiten, Stirnseiten, Griffstange

Die Seiten und Stirnseiten der Kiste sind rund um den Boden angeordnet. Daher sägen wir als Erstes den Boden mit einer Handsäge zurecht. Vor allem müssen die Schmalseiten des Bodens rechtwinklig sein. Wenn es Ihnen schwerfällt, beim Sägen auf der Markierungslinie zu bleiben, nehmen Sie ein Kunststoff-Anschlagwinkeldreieck zu Hilfe. Schleifen Sie die Sägespuren ab.

Nun legen Sie den Boden beiseite und schneiden Sie die Stirnseiten (405 x 235 mm) zu. Dort, wo sie über die Höhe der Seiten (235 mm) hinausragen, verjüngt sich ihre rechteckige Form zu einem Dreieck. Messen Sie von der Unterkante aus 235 mm ab und markieren Sie den Beginn der Verjüngung.

Stechen Sie mit dem Zirkel in die Mitte der oberen Enden beider Stirnseiten und markieren Sie den Mittelpunkt mit Bleistift. Stechen Sie nun in den Mittelpunkt und ziehen Sie je einen Kreis mit einem Radius von 38 mm. Dann legen Sie von den 235-mm-Markierungen aus Tangenten an den Kreis (= Schnittlinien für die Verjüngung).

Ziehen Sie die Schnittlinie mithilfe eines Kombiwinkels. Schneiden Sie auf der Abfallseite der Markierungslinie.

Entfernen Sie mit einem Handhobel oder einem Schleifklotz die Sägespuren von allen Werkstücken. Die Teile lassen sich dadurch besser zusammenbauen.

Ziehen Sie in der Mitte der oberen Enden beider Stirnseiten je einen Kreis mit einem Radius von 38 mm.

Machen Sie im Abstand von 235 mm von der Unterkante der Stirnseite eine Markierung. Legen Sie von diesem Punkt eine Tangente an den soeben gezogenen Kreis.

Stapeln Sie die beiden Seitenwände und markieren Sie mit einem Winkel quer zu den Oberkanten die Schnittlinie für die Verjüngung.

Schneiden Sie mit der Handsäge an der Schnittlinie für die Verjüngung entlang, um das Abfallholz zu entfernen. Achten Sie darauf, dass Sie am Beginn der Verjüngung nicht über die Markierungslinie hinausschneiden. Glätten Sie die Verjüngung mit einem Handhobel oder einem Schleifklotz. Dann schneiden Sie mit der Kopiersäge die Rundungen an den oberen Enden der Stirnseiten. Sie können die Teile stapeln, wenn Sie die Rundung mit einem Schleifklotz in die endgültige Form bringen.

Bohren Sie mit einem Forstner- oder Flachfräsbohrer die beiden 10 mm tiefen Sacklöcher für die Griffstange an den Innenflächen der Stirnseiten. Die Mittelpunkte der beiden Kreise, die Sie zuvor gezogen haben, sind zugleich die Mittelpunkte der Bohrlöcher.

Platzieren Sie nun die Stirnseiten an den Schmalseiten des Bodens und messen Sie die Gesamtlänge ab. Diese Länge müssen die Seiten haben, damit sie bündig mit den Außenflächen der Stirnseiten abschließen.

Wenn Sie die Seiten abgelängt und alle Teile abgeschliffen haben, fehlt nur noch die Griffstange. Fixieren Sie die Seiten, die Stirnseiten und den Boden provisorisch mit Klemmen. Überprüfen Sie mit dem Kombiwinkel, ob die Stirnseiten zum Boden rechtwinklig sind. Messen Sie den Abstand zwischen den Stirnseiten ab und addieren Sie die Tiefe der beiden Löcher zum Ergebnis. Ziehen Sie von dieser Gesamtlänge etwa 3 mm als Spielraum für die Griffstange ab. Schneiden Sie die Dübelstange auf die errechnete Länge zu und überprüfen Sie die Passgenauigkeit.

Schneiden Sie mit einer Handsäge die Verjüngung.

Mit einem Handhobel sind die Sägespuren im Nu entfernt und Sie erhalten eine gerade Verjüngung.

Schneiden Sie die Rundungen an den oberen Enden der Stirnseiten mit einer Kopiersäge.

Stapeln Sie die beiden Stirnseiten und geben Sie der Rundung mit grobem Schleifpapier ihre endgültige Form. Zum Schluss schleifen Sie noch mit feinem Schleifpapier.

Bohren Sie auf der Innenfläche der Stirnseiten am Mittelpunkt des Kreises die Löcher für die Griffstangen (19 mm Ø, 10 mm tief).

Zusammenbau

Zum Zusammennageln verwenden Sie 38 mm lange Nägel. Damit das Holz sich nicht spaltet, empfiehlt es sich, Löcher vorzubohren. Nehmen Sie dazu einen Bohrer, dessen Durchmesser gleich groß oder etwas kleiner ist als der Durchmesser der Nägel.

Damit die Werkzeugkiste möglichst professionell aussieht, nehmen Sie sich etwas Zeit, um die Nägel gleichmäßig auf dem Werkstück zu verteilen und ihre Positionen zu markieren.

Bringen Sie alle Bohrlöcher für die Nägel in 10 mm Abstand von den Unterkanten der Stirnseiten an. Nageln Sie die Seitenwände am Boden an, sodass die Kanten bündig mit der Unterseite des Bodens abschließen. Schlagen Sie die Nägel behutsam ein, ohne die Holzoberfläche zu beschädigen. Wenn der Nagelkopf das Werkstück berührt, klopfen Sie noch ein paar Mal leicht darauf, um ihn vollständig ins Holz zu treiben, ohne die Holzoberfläche einzudellen. Manchmal hilft es, die Holzteile beim Einschlagen der Nägel mit Klemmen aneinander zu fixieren. Vergessen Sie nicht, die Griffstange einzufügen, bevor Sie die zweite Stirnseite annageln.

Nun bohren Sie die Löcher für die Nägel an den kurzen Kanten und an der Unterkante der Seiten vor und nageln Sie diese am Boden und an den Stirnseiten fest, sodass die Kanten bündig miteinander abschließen.

Brechen Sie mit einem Handhobel oder mit Schleifpapier die scharfen Kanten. Fertig!

Damit sich beim Einschlagen der Nägel das Holz nicht spaltet, bohren Sie Pilotlöcher.

Platzieren Sie die Teile aufeinander, sodass die Kanten bündig miteinander abschließen. Fixieren Sie die Teile mit Klemmen aneinander. Treiben Sie die Nägel fast vollständig ins Holz.

Wenn Sie den letzten Nagel eingeschlagen haben, brechen Sie die scharfen Kanten mit einem Handhobel oder mit Schleifpapier.

Die fertige Werkzeugkiste

GLOSSAR

Ahle: spitzes Werkzeug zum Markieren und Bohren von kleinen Löchern.

Backen: die verstellbaren Teile mancher Werkzeuge, die zum Festhalten von Gegenständen bestimmt sind (Klemmen, Spannfutter).

Bohrer: Dieses Werkzeug zum Bohren von runden Löchern ist in verschiedenen Größen erhältlich. Der Bohrer ist mit einer spiralförmigen Furche versehen, die den Abtransport des Abfallholzes erleichtert.

Drahtstift: kleiner Nagel.

Dübel(stange): ein Rundholz, das in größeren Längen erhältlich ist. Mit einem Stück Dübelstange oder einem kurzen Dübel kann man zwei Holzteile verbinden, indem man an den Holzteilen Löcher anbringt, in die der Dübel eingepasst wird.

Durchgangsloch: ein Loch, dessen Durchmesser dem Außendurchmesser einer Schraube entspricht, sodass die Schraube „durchgeht".

Fase: abgeschrägte Fläche. An einem hölzernen Werkstück dient die Fase zum „Brechen" einer Kante, bei einem Stemmeisen bringt sie die Schneide näher an die Holzoberfläche heran.

Faserrichtung: der Verlauf der Holzfasern in einem Stück Holz.

Gehörschutz: Diese Schutzausrüstung dämpft den Lärm, der von motorbetriebenen Geräten erzeugt wird. Kapselgehörschützer werden über den Ohren getragen, Gehörschutzstöpsel werden in den Gehörgang eingeführt.

Gewinde: spiralförmige Einkerbung, z. B. an Schrauben (Außengewinde) oder Muttern (Innengewinde). Durch ihr Gewinde lässt sich eine Schraube ins Holz oder in ein Innengewinde eindrehen.

Holzkitt: Spachtelmasse zum Reparieren von Beschädigungen, v. a. zum Auffüllen von Löchern und Sprüngen. Holzkitt kann nach dem Trocknen bündig zur Holzoberfläche abgeschliffen werden. Er ist passend zu verschiedenen Holzarten in mehreren Farben erhältlich, manche Arten von Holzkitt können gebeizt werden.

Holzverbindung: eine Methode, um Holzteile miteinander zu verbinden.

Klaue: der gekrümmte, gegabelte rückwärtige Teil eines Hammerkopfes, der zum Herausziehen von Nägeln verwendet wird.

Klemme: eine Vorrichtung mit verstellbaren Klemmbacken, mit denen Gegenstände festgehalten werden können.

Körnung: die Größe der Schleifpartikel bei Schleifpapier oder anderen Schleifmitteln, z. B. Schärfsteinen. Je höher die Zahl, desto feiner das Schleifmittel.

Maserung(sbild): die sichtbare Struktur des Holzes.

Pilotloch: ein Loch, dessen Durchmesser dem inneren Durchmesser des Gewindes einer Schraube entspricht, sodass das Gewinde ins Holz schneidet.

Pinne: der rückwärtige Teil des Hammerkopfes, der verschiedene Formen haben kann.

Schaft: 1) der Teil eines Werkzeugs, der in den Griff übergeht; 2) jener Teil eines Bohrers, Fräswerkzeugs usw., der in der Maschine (Bohrmaschine, Oberfräse usw.) eingespannt wird; 3) der „innere Teil" der Schraube (ohne Gewinde).

rechtwinklig: zwei Kanten oder Ebenen sind rechtwinklig, wenn sie in einem Winkel von 90° (rechter Winkel) zueinander stehen.

Schutzbrille: Brille aus bruchsicherem Material, die die Augen beim Arbeiten mit motorbetriebenen Geräten vor herumfliegenden Splittern schützt.

Schraube: ein Metallstab mit Gewinde und einem Schraubenkopf am Ende. In den Schraubenkopf wird der Schraubenzieher gesetzt; wird der Schraubenzieher gedreht, dann zieht das Gewinde die Schraube ins Holz. Schrauben verwendet man, um Holzteile zusammenzuhalten oder andere Gegenstände am Holz zu befestigen.

Schraubstock: ein Werkzeug, das zum Fixieren von Gegenständen (v. a. Werkstücken) an der Werkbank mittels Klemmbacken dient.

Schränkung: die Ausbiegung der Sägezähne. Es ist immer ein Zahn nach rechts und ein Zahn nach links geschränkt. Dadurch entsteht beim Sägen ein breiter Sägeschlitz, der verhindert, dass sich das Sägeblatt im Sägeschlitz verklemmt.

Spannfutter: eine Vorrichtung an Werkzeugen, die weiter oder enger gestellt werden kann, um den Schaft eines Einsatzwerkzeuges festzuhalten. Das Bohrfutter hält z. B. den Bohrer fest.

Spannschlüssel: ein Werkzeug mit Zahnrädern, mit dem man das Spannfutter (und um den Schaft eines Einsatzwerkzeuges) anziehen kann.

Staubmaske: eine Maske mit Luftlöchern, die das Atmen ermöglicht, aber keinen Feinstaub durchlässt.

Streichmaß: ein Werkzeug, um Markierungslinien im gewünschten Abstand parallel zu einer Kante anzureißen bzw. zu markieren.

TPI: Der Abstand zwischen den Zähnen einer Säge wird in TPI (= teeth per inch, Zähne pro Zoll) angegeben. Je mehr TPI die Säge hat, desto feiner schneidet sie.

Versenker: Werkzeug, mit dem Nagelköpfe unter die Holzoberfläche getrieben werden. Es hat eine dünne Spitze, einen Schaft zum Festhalten und einen Kopf, auf den man mit dem Hammer schlägt.

Winkel (Messinstrument): ein Messinstrument zum Markieren von (v. a. rechten) Winkeln.

ÜBER DIE AUTOREN

Alan Goodsell ist Fachjournalist und Holzwerker. Von ihm stammen zahlreiche Publikationen über Holzarbeiten und Werkzeuge in vielen Zeitschriften, unter anderem in den anerkannten Fachmagazinen *Woodturning*, *The Router*, *Furniture & Cabinetmaking* und *American Router*. Aus Großbritannien übersiedelte Alan Goodsell in die USA, wo er die Vertriebsabteilung eines führenden Herstellers von Fräswerkzeugen leitete. Er lebt nach wie vor in Florida, ist aber ins Verlagswesen zurückgekehrt und gibt nun diverse Publikationen zum Thema Holzwerken heraus.

Bei **Randall Maxey**, der im US-Bundesstaat Ohio geboren und aufgewachsen ist, begann die Begeisterung für das Holzwerken schon in seiner Kindheit. Heute besitzt er die Auftragstischlerei Cherry Ridge Woodworks; ein weiteres von ihm gegründetes und geleitetes Unternehmen, MiniMaxWorkhop.com, stellt unter Beweis, dass man auf kleinem (Werkstatt-)Raum große Projekte verwirklichen kann. Maxey übersiedelte mit seiner Familie nach Iowa und war zehn Jahre lang als leitender Redakteur einer Zeitschrift zum Thema Holzwerken tätig. Er schreibt und bearbeitet nach wie vor Artikel für andere einschlägige Publikationen und Firmen. Randall Maxey lebt mit seiner Frau in Florida.

DANKSAGUNG

Unser besonderer Dank gilt:
Betty Accro (Alans Verlobter),
Sheryl Maxey (Randalls Frau) und
Maria Fernanda Nobregas (der Büroleiterin von Lightning Publications)

BILDNACHWEIS

Die Autoren sind Rechteinhaber in Bezug auf alle Abbildungen mit Ausnahme von:
Seite 2–5: Olef/Shutterstock.com; Seite 7: Dina van Wyk/Shutterstock.com; Seite 8: Pakula Piotr/Shutterstock.com; Seite 11: olpo/Shutterstock.com; Seite 14 und 15 (links): MSSA/Shutterstock.com; Seite 15 (rechts): SeventyFour/Shutterstock.com; Seite 16: wk1003mike/Shutterstock.com; Seite 18: Angelika Sitzwohl; Seite 19 (oben): Brian Mueller/Shutterstock.com; Seite 19 (unten, von links nach rechts): dcwcreations/Shutterstock.com, chrisbrignell/Shutterstock.com, Jiri Hera/Shutterstock.com, khuruzero/Shutterstock.com; Seite 20 (oben): designelements/Shutterstock.com; Seite 20 (unten links): Vadym Zaitsev/Shutterstock.com; Seite 20 (unten rechts): Dan Kosmayer/Shutterstock.com; Seite 21: ronstik/Shutterstock.com, Seite 22 (oben): ronstik/Shutterstock.com; Seite 22 (Mitte): stuar/Shutterstock.com; Seite 22 (unten): Inked Pixels/Shutterstock.com; Seite 23 (oben): simm49/Shutterstock.com; Seite 23 (unten): B Calkins/Shutterstock.com; Seite 24 (oben): Libor Fousek/Shutterstock.com; Seite 24 (unten): tennis/Shutterstock.com; Seite 25 (oben links): Anucha Cheechang/Shutterstock.com; Seite 25 (oben rechts): Sergiy Kuzmin/Shutterstock.com; Seite 25 (Mitte): Alex Churilov/Shutterstock.com; Seite 25 (unten): pornpan jayanama/Shutterstock.com; Seite 26: Zovteva/Shutterstock.com; Seite 27 (oben und Mitte): ra3rn/Shutterstock.com; Seite 27 (unten): Praethip Docekalova/Shutterstock.com; Seite 28 (oben): Andrey Eremin/Shutterstock.com; Seite 28 (unten): Dmitrii Kazitsyn/Shutterstock.com; Seite 29 (oben): OlegSam/Shutterstock.com; Seite 29 (Mitte): Jeffrey B. Ban/Shutterstock.com; Seite 29 (unten): Malyshev Alexander/Shutterstock.com; Seite 30: Ilizia/Shutterstock.com; Seite 31: Mark Baker/GMC Publications; Seite 32 (oben links): Moolkum/Shutterstock.com; Seite 32 (unten links): B Calkins/Shutterstock.com; Seite 32 (Mitte): RedDaxLuma/Shutterstock.com; Seite 32 (rechts): terekhov igor/Shutterstock.com; Seite 33 (oben): terekhov igor/Shutterstock.com; Seite 33 (Mitte): pattang/Shutterstock.com; Seite 33 (unten links): Mtsaride/Shutterstock.com; Seite 33 (unten rechts): Slavoljub Pantelic/Shutterstock.com; Seite 34 (oben): vseb/Shutterstock.com; Seite 34 (unten): Sever180/Shutterstock.com; Seite 35 (links): Dan Kosmayer/Shutterstock.com; Seite 35 (rechts): Photoexpert/Shutterstock.com; Seite 36 antoniodiaz/Shutterstock.com; Seite 37 (oben): bogdanhoda/Shutterstock.com; Seite 37 (Mitte): sergey0506/Shutterstock.com; Seite 37 (unten): Sova Vitalij/Shutterstock.com; Seite 38: peerasak kamngoen/Shutterstock.com; Seite 39: Gene Volkov/Shutterstock.com; Seite 49: Yurchikys/Shutterstock.com; Seite 56 (unten): sergei kochetov/Shutterstock.com; Seite 70: wk1003mike/Shutterstock.com; Seite 99 (unten): spector3d/Shutterstock.com; Seite 100: primopiano/Shutterstock.com; Seite 160: Vasileios Karafillidis/Shutterstock.com.

STICHWORTVERZEICHNIS